Barbara Weber

Besser in Mathematik

Gymnasium

Mit 20 S. Lösungsheft

6. Klasse

Cornelsen
SCRIPTOR

Die Autorin: Barbara Weber unterrichtet Mathematik an einem Gymnasium.

www.cornelsen.de

Bibliografische Information:
Die Deutsche Bibliothek verzeichnet diese Publikation in der Deutschen Nationalbibliografie; detaillierte bibliografische Daten sind im Internet über http://dnb.ddb.de abrufbar.

Dieser Band folgt den Regeln der deutschen Rechtschreibung, die seit August 2006 gelten.

6. 5. 4. 3. 2. Die letzten Ziffern bezeichnen
13 12 11 10 09 Zahl und Jahr der Auflage.

Projektleitung: Stefan Giertzsch, Berlin
Redaktion: Walter Greulich (WGV), Weinheim
Reihengestaltung: tiff.any GmbH, Berlin
Satz und Layout: Dagmar & Torsten Lemme, Berlin
Illustrationen: Böcking-Gestaltung, Bochum
Umschlagentwurf: Patricia Müller, Berlin
Druck und Bindearbeiten: orthdruk, Bialystok, Polen
Printed in Poland
ISBN 978-3-589-22662-7

Gedruckt auf säurefreiem Papier,
umweltschonend hergestellt aus chlorfrei gebleichten Faserstoffen.

Vorwort 5

1 Brüche 6
1.1 Brüche erweitern und kürzen 7
1.2 Addieren und Subtrahieren von Brüchen 9
1.3 Gemischte Brüche addieren und subtrahieren 12
1.4 Multiplizieren und dividieren von Bruchzahlen mit einer natürlichen Zahl 15
1.5 Multiplizieren von Brüchen mit Bruchzahlen 17
1.6 Dividieren von Brüchen durch eine Bruchzahl 20
1.7 Rechengesetze und Berechnung von einfachen Termen 22
1.8 Sachaufgaben zur Bruchrechnung 24
Test Kapitel 1 27

2 Dezimalzahlen 28
2.1 Dezimalzahlen – Zehnerbrüche 28
2.2 Ordnen, Vergleichen und Runden von Dezimalzahlen 31
2.3 Addieren und Subtrahieren von Dezimalzahlen 34
2.4 Multiplizieren von Dezimalzahlen 36
2.5 Dividieren von Dezimalzahlen 39
2.6 Abbrechende und periodische Dezimalzahlen 42
2.7 Berechnung von Termen 44
2.8 Sachaufgaben zum Rechnen mit Dezimalzahlen 47
Test Kapitel 2 50

3 Rationale Zahlen 51
3.1 Zahlenstrahl und Zahlengerade 51
3.2 Betrag rationaler Zahlen 54
3.3 Addieren rationaler Zahlen 57
3.4 Subtrahieren rationaler Zahlen 60
3.5 Multiplizieren rationaler Zahlen 63
3.6 Dividieren rationaler Zahlen 66
3.7 Verbindung der Grundrechenarten – Terme 69
Test Kapitel 3 71

4 Prozentrechnung 73
4.1 Anteil - Bruchteil - Ganzes 73
4.2 Prozentsatz - Prozentwert - Grundwert 75
4.3 Prozentuale Erhöhung oder Verminderung 78
4.4 Darstellung von Prozenten in Diagrammen 81
Test Kapitel 4 84

5 Symmetrien und Abbildungen 85
5.0 Symmetrien und Abbildungen - Vorbemerkung 85
5.1 Achsenspiegelung und Achsensymmetrie 86
5.2 Punktspiegelung und Punktsymmetrie 89
5.3 Drehung und Drehsymmetrie 92
5.4 Kongruente Figuren 95
Test Kapitel 5 98

6 Flächeninhalt ebener Figuren 99
6.0 Flächeninhalt ebener Figuren - Vorbemerkung 99
6.1 Flächeninhalt beim Parallelogramm 100
6.2 Flächeninhalt beim Dreieck 103
6.3 Flächeninhalt beim Trapez 106
Test Kapitel 6 108

Stichwortverzeichnis 110

Verzeichnis der Zeichen und Abkürzungen 112

Liebe Schülerin, lieber Schüler,

dieser Band der Reihe Besser in Mathematik hilft dir, deine Kenntnisse im Fach Mathematik zu verbessern. Du kannst gezielt Stoff nachholen und wiederholen, um sicherer zu werden!
Zu allen Bereichen des Mathematikunterrichts sind kleine Aufgaben angeboten, mit denen du selbstständig arbeiten kannst.
Die Schwerpunkte sind:

- Definitionen und Regeln kennen und anwenden,
- Aufgaben strukturieren und strategisch bearbeiten,
- Diagramme und Formeln erstellen und interpretieren,
- Zusammenhänge begründen und überprüfen.

Die Texte und die Aufgaben in diesem Buch sind so ausgewählt und zusammengestellt, dass dir die Bearbeitung möglichst leichtfällt.

Tipps

- Lege dir ein **eigenes Arbeitsheft** zu, in das du schreibst.
- Bist du dir beim Lösen der Übungsaufgaben nicht ganz sicher, sieh dir die Beispiele noch einmal genau an.
- Vergleiche deine Ergebnisse mit dem Lösungsheft.
  Überprüfe bei Fehlern immer genau, was du falsch gemacht hast.
  Verbessere Fehler.
- Am Ende eines jeden Kapitels kannst du in einem kleinen Test überprüfen, ob du den Stoff nun beherrschst. Wenn nicht, bearbeite die entsprechenden Aufgaben in einigen Tagen noch einmal.

Viel Spaß und Erfolg beim Lernen!

1 BRÜCHE

Einige Schüler kennen bisher nur die natürlichen Zahlen einschließlich Null, nämlich $\mathbb{N}_0 = \{0, 1, 2, 3, 4, 5, 6, \ldots\}$. Manche haben auch schon die ganzen Zahlen kennengelernt, nämlich $\mathbb{Z} = \{\ldots -5, -4, -3, -2, -1, 0, 1, 2, 3, 4, 5, \ldots\}$ und der Umgang mit einfachen Zahlen, die zwischen diesen ganzen Zahlen liegen, ist den meisten sicher bekannt. So liegt zum Beispiel die **Bruchzahl** $\frac{1}{2}$ in der Mitte zwischen 0 und 1, $2\frac{1}{2}$ liegt in der Mitte zwischen 2 und 3.
Verwenden wir $\frac{1}{2}$ im Sinne von „die Hälfte einer Menge, Länge, ...“, so bezeichnen wir $\frac{1}{2}$ als **Bruch,** z. B. „ $\frac{1}{4}$ von 1 000 g“ sind 250 g.
In der Regel beschränken wir uns in Kapitel 2 und 3 auf die positiven Zahlen.

Informationen zum Arbeiten mit dem Begriff „Bruch“

„Bruch“ soll in unserem Zusammenhang ein Ausdruck bedeuten, den man als „Quotient“ darstellen kann, zum Beispiel $\frac{2}{3}$. Der „Bruchstrich“ in der Mitte steht für „geteilt durch“, d. h. $\frac{2}{3} = 2 : 3$. Dabei gilt Folgendes:
Zähler heißt die Zahl über dem Bruchstrich,
Nenner heißt die Zahl unter dem Bruchstrich.
Der Nenner gibt an, in wie viele gleiche Teile ein Ganzes geteilt wurde.
Der Zähler gibt an, wie viele dieser Teile gemeint sind.
Das Wort „Bruch“ kann in diesem Kapitel auch allgemein stehen für:
Echter Bruch: Der Zähler ist kleiner als der Nenner, Beispiel: $\frac{3}{4}$.
Unechter Bruch: Der Zähler ist größer als der Nenner, Beispiel: $\frac{8}{5}$.
Gemischter Bruch (gemischte Zahl): Beispiel: $2\frac{2}{3} = 2 + \frac{2}{3}$.
Scheinbruch: Der Zähler und der Nenner sind gleich, Beispiel: $\frac{3}{3}$.
Stammbruch: Der Zähler ist „1“, Beispiele: $\frac{1}{3}$; $\frac{1}{4}$.
Zehnerbruch: Der Nenner ist eine Potenz von 10, Beispiele: $\frac{3}{10}$; $\frac{17}{100}$.
Dezimalbruch: Dieser Begriff wird häufig auch anstelle von „Kommazahl“ bzw. „Dezimalzahl“ verwendet.

1.1 Brüche erweitern und kürzen

Was du schon können musst:

1. Ein Bruch ist ein Ausdruck der Form $\frac{a}{b}$, wobei a und b natürliche Zahlen sind. Achtung: b darf nicht 0 sein!
2. Die Zahl $\boldsymbol{a}$ über dem Bruchstrich heißt „Zähler“, die Zahl $\boldsymbol{b}$ unter dem Bruchstrich heißt „Nenner“.
3. Die Zahl b gibt an, dass eine bestimmte Größe (z. B. Länge) in b gleich große Teile zerlegt wird. Die Zahl a gibt die Anzahl dieser Teile an.
4. Jeder Bruch lässt sich als Divisionsaufgabe darstellen: $\frac{a}{b} = a : b$.
5. Außerdem musst du mit Teilern und Vielfachen arbeiten können.

Darum geht es

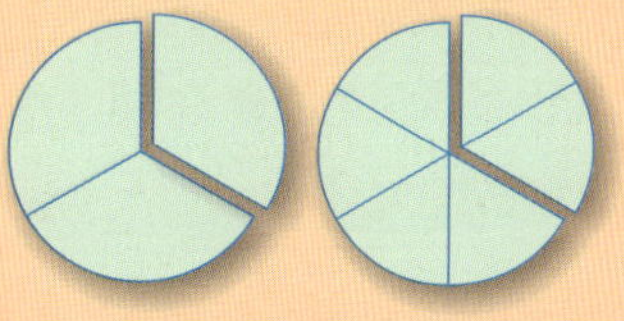

Brüche mit gleichem Wert können verschieden dargestellt werden: Man hat genauso viel, ob man eine Pizza in 3 gleich große Stücke teilt und sich 1 Stück $\left(\frac{1}{3}\text{ Pizza}\right)$ nimmt, oder ob man die gleiche Pizza in 6 Stücke teilt und 2 Stücke $\left(\frac{2}{6}\right)$ nimmt. Erweitern und Kürzen sind Operationen, die den Wert eines Bruches nicht ändern. Die beiden Brüche $\frac{1}{3} = \frac{2}{6}$ stehen für dieselbe (Bruch-)zahl.
Außerdem siehst du an der Pizza $\frac{3}{3} = \frac{6}{6} = 1$, nämlich „eine ganze Pizza“.

So erweitert oder kürzt man einen Bruch

Multipliziert man Zähler und Nenner eines Bruches mit derselben Zahl, so hat man den Bruch **erweitert.** Der Wert bleibt dabei unverändert.

$\frac{a}{b} = \frac{a \cdot c}{b \cdot c}$ Beispiel: $\frac{3}{4} = \frac{3 \cdot 2}{4 \cdot 2} = \frac{6}{8} = \frac{12}{16} = \ldots$

Beim Erweitern können unendlich viele neue Brüche gefunden werden, die denselben Wert besitzen.
Dividiert man Zähler und Nenner eines Bruches durch die selbe Zahl, so hat man den Bruch **gekürzt.** Der Wert bleibt dabei unverändert.

$\frac{a}{b} = \frac{a:c}{b:c}$ Beispiel: $\frac{9}{90} = \frac{9:3}{90:3} = \frac{3}{30} = \frac{1}{10}$

Sind Zähler und Nenner „teilerfremd", kann man nicht weiter kürzen!

1 Bestimme jeweils die Erweiterungszahl.

a) $\frac{3}{8} = \frac{3 \cdot \square}{8 \cdot \square} = \frac{15}{40}$

b) $\frac{17}{108} = \frac{17 \cdot \square}{108 \cdot \square} = \frac{170}{1\,080}$

c) $\frac{49}{120} = \frac{49 \cdot \square}{120 \cdot \square} = \frac{441}{1\,080}$

2 Bestimme die Zahl, mit der gekürzt wurde.

a) $\frac{48}{52} = \frac{48 : \square}{52 : \square} = \frac{12}{13}$ b) $\frac{66}{81} = \frac{66 : \square}{81 : \square} = \frac{22}{27}$ c) $\frac{54}{96} = \frac{54 : \square}{96 : \square} = \frac{9}{16}$

3 Kürze schrittweise so weit wie möglich.

Beispiel: $\frac{36}{40} = \frac{18}{20} = \frac{9}{10}$

$\frac{36}{40}, \frac{39}{65}, \frac{37}{111}, \frac{35}{105}, \frac{57}{19}, \frac{250}{125}, \frac{52}{13}, \frac{51}{170}, \frac{450}{800}, \frac{19}{19}, \frac{51}{85}, \frac{210}{21}$

4 Ergänze fehlende Zähler oder Nenner.

a) $\frac{7}{9} = \frac{\square}{72} = \frac{35}{\square} = \frac{77}{\square}$

b) $\frac{5}{12} = \frac{30}{\square} = \frac{\square}{60} = \frac{75}{\square}$

5 Zerlege zunächst Zähler und Nenner in Primfaktoren und kürze dann.

Beispiel: $\frac{33}{63} = \frac{\cancel{3} \cdot 11}{\cancel{3} \cdot 3 \cdot 7} = \frac{11}{3 \cdot 7} = \frac{11}{21}$

(Das Teilen kann man auch durch gleichzeitiges „Streichen" eines Faktors in Zähler und Nenner kenntlich machen.)

a) $\frac{16}{260}$ b) $\frac{105}{1\,225}$ c) $\frac{55}{165}$ d) $\frac{54}{78}$

Info

Das Erweitern von Brüchen wird benötigt, wenn man mehrere Brüche mit verschiedenen Nennern auf einen gemeinsamen Nenner, den Hauptnenner, bringen will. Beispiel: $\frac{5}{24}$ und $\frac{13}{60}$ sollen auf den kleinsten gemeinsamen Nenner gebracht werden.

So geht's:

Bestimme das kgV der Einzelnenner

$$24 = 2 \cdot 2 \cdot 2 \cdot 3$$
$$60 = 2 \cdot 2 \quad \cdot 3 \cdot 5$$

Hauptnenner: kgV (24; 60) $= 2 \cdot 2 \cdot 2 \cdot 3 \cdot 5 = 120$; $\frac{5}{24} = \frac{5 \cdot 5}{24 \cdot 5} = \frac{25}{120}$ und $\frac{13}{60} = \frac{13 \cdot 2}{60 \cdot 2} = \frac{26}{120}$

6 **Bringe folgende Brüche jeweils auf den Hauptnenner.**

a) $\frac{13}{48}$ und $\frac{9}{26}$ b) $\frac{21}{25}$ und $\frac{7}{15}$ c) $\frac{3}{14}$ und $\frac{1}{20}$ d) $\frac{17}{81}$ und $\frac{7}{18}$

7 **Gesucht ist der Hauptnenner.**

a) $\frac{11}{12}; \frac{5}{18}; \frac{7}{8}; \frac{1}{9}$ b) $\frac{5}{6}; \frac{1}{8}; \frac{9}{10}; \frac{8}{15}$.

1.2 Addieren und Subtrahieren von Brüchen

Was du schon können musst:

1. Kürzen und Erweitern.
2. Brüche gleichnamig machen (auf gleichen Nenner bringen).
3. kgV (kleinste gemeinsame Vielfache) bestimmen.
4. Gleichnamige Brüche addieren oder subtrahieren (siehe oben).

1 BRÜCHE

Darum geht es

Ungleichnamige Bruchzahlen werden addiert (subtrahiert).

Beispiel: $\frac{10}{12} + \frac{2}{9} = ?$

Voraussetzung ist, dass du weißt, dass man gleichnamige Brüche addieren und subtrahieren kann, indem man den Nenner beibehält und die Zähler addiert oder subtrahiert.

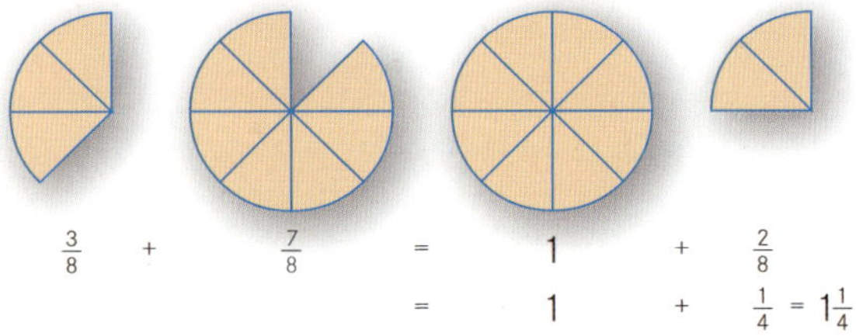

Beispiel: $\frac{3}{8} + \frac{7}{8} = \frac{3+7}{8} = \frac{10}{8} = \frac{5}{4} = 1\frac{1}{4}$

Das machst du

Du machst die Brüche $\frac{10}{12}, \frac{2}{9}$ gleichnamig und addierst dann, also:

1. Du kürzt alle Summanden vollständig und erhältst: $\frac{5}{6} + \frac{2}{9}$.
2. Du bildest das kgV von 6 und 9: kgV(6; 9) = 18 (Hauptnenner)
3. Du erweiterst die Brüche beide so, dass sie den Nenner 18 haben: $\frac{5 \cdot 3}{6 \cdot 3} + \frac{2 \cdot 2}{9 \cdot 2} = \frac{15}{18} + \frac{4}{18}$.
4. Jetzt addierst du: $\frac{15}{18} + \frac{4}{18} = \frac{19}{18}$. Dabei addierst du die Zähler und behältst den Nenner bei.
5. Zum Schluss kürzt du vollständig, wenn es möglich ist und wandelst gegebenenfalls in eine gemischte Zahl um: $\frac{19}{18} = 1\frac{1}{18}$.

Beim Subtrahieren gehst du genauso vor!

Achtung

Wenn du nicht den Hauptnenner gewählt hast, kürze zum Schluss!

1 Addieren, Subtrahieren von Stammbrüchen.

a) $\frac{1}{3} + \frac{1}{4}$ b) $\frac{1}{9} + \frac{1}{4}$ c) $\frac{1}{8} + \frac{1}{6}$

2 Addition und Subtraktion beliebiger ungleichnamiger Brüche.

a) $\frac{5}{12} + \frac{3}{4}$ b) $\frac{5}{3} + \frac{9}{10}$ c) $\frac{3}{14} + \frac{4}{21}$

d) $\frac{3}{14} + \frac{4}{21}$ e) $\frac{8}{15} - \frac{2}{5}$ f) $\frac{17}{18} - \frac{5}{12}$

3 Mehrere Summanden bzw. Subtrahenden:
Gib das Ergebnis als vollständig gekürzten Bruch an und schreibe, falls möglich, als gemischte Zahl.

a) $\frac{3}{4} + \frac{5}{6} + \frac{2}{3}$ b) $\frac{7}{15} + \frac{11}{30} + \frac{1}{2}$ c) $\frac{5}{12} + \frac{7}{8} + \frac{4}{15}$

d) $\frac{9}{16} - \frac{1}{3} - \frac{5}{24}$ e) $\frac{9}{14} - \frac{3}{7} - \frac{1}{6}$

4 Berechnen von Termen (Rechenausdrücken).

a) $\frac{3}{4} + \frac{1}{6} - \left(\frac{7}{8} - \frac{2}{3}\right)$ b) $\frac{3}{4} + \frac{1}{6} - \frac{7}{8} - \frac{2}{3}$ c) $\frac{3}{4} + \frac{1}{6} - \frac{7}{8} + \frac{2}{3}$

5 Rechne die folgenden Aufgaben je zweimal. Wähle als gemeinsamen Nenner beim ersten Mal das Produkt der Nenner und beim zweiten Mal den Hauptnenner.

a) $\frac{7}{12} + \frac{5}{9}$ b) $\frac{3}{20} + \frac{2}{5}$ c) $\frac{5}{28} + \frac{5}{8}$

d) $\frac{13}{15} - \frac{2}{3}$ e) $\frac{4}{5} - \frac{1}{8}$

6 Stelle erst den Term auf und berechne dann.

a) Berechne die Differenz von $\frac{11}{12}$ und $\frac{5}{9}$.

b) Subtrahiere die Differenz von $\frac{8}{5}$ und $\frac{1}{6}$ von der Summe aus $\frac{9}{6}$ und $\frac{8}{3}$.

7 Und zum Schluss noch eine Textaufgabe.
Du willst für eine Party ein Fruchtsaftgetränk mixen. In deinem Rezeptbuch steht: „Mische $\frac{1}{2}$ l Mineralwasser mit $\frac{3}{4}$ l Apfelsaft, $\frac{1}{8}$ l Pfirsichsaft und $\frac{1}{8}$ l Ananassaft. Im Schrank stehen ein 1 l-Krug und ein 2 l-Krug. Reicht das aus?

1.3 Gemischte Brüche addieren und subtrahieren

Was du schon können musst:

1. Hauptnenner bilden.
2. Brüche addieren und subtrahieren.
3. Verschiedene Darstellungen von Brüchen kennen.

Darum geht es

1. In diesem Kapitel wird noch einmal wiederholt, wie man unechte Brüche in gemischte Zahlen umwandelt und umgekehrt.
2. Es wird erklärt, auf welche Art und Weise man gemischte Zahlen addiert und subtrahiert.
3. Ein besonderes Augenmerk wird dabei auf die Subtraktion gelegt.

So formst du unechte Brüche und gemischte Zahlen um

Einen unechten Bruch erkennst du daran, dass der Zähler größer ist als der Nenner. Diese Zahl ist somit größer als 1 und du kannst sie in eine gemischte Zahl verwandeln.

Beispiel 1: Verwandle $\frac{34}{9}$ in eine gemischte Zahl.

Dividieren: $\frac{34}{9} = 34 : 9 = 3 + (7 : 9) = 3 + \frac{7}{9} = 3\frac{7}{9}$

oder zerlegen: $\frac{34}{9} = \frac{27}{9} + \frac{7}{9} = 3 + \frac{7}{9} = 3\,\frac{7}{9}$

Beispiel 2: Schreibe $5\frac{7}{8}$ als unechten Bruch.

Addieren: $5\frac{7}{8} = \frac{5}{1} + \frac{7}{8} = \frac{40}{8} + \frac{7}{8} = \frac{47}{8}$

„Schnellverfahren“: $5\frac{7}{8} = \frac{5 \cdot 8 + 7}{8} = \frac{40 + 7}{8} = \frac{47}{8}$

So addierst und subtrahierst du gemischte Brüche

Es ist vorteilhaft, wenn du die ganzen Zahlen und die Brüche trennst.

Beispiel „Addieren“:

$4\frac{3}{7} + 2\frac{1}{3} = 4 + 2 + \frac{3}{7} + \frac{1}{3} = 6 + \frac{9}{21} + \frac{7}{21} = 6 + \frac{9+7}{21} = 6 + \frac{16}{21} = 6\frac{16}{21}$

Achtung, wenn die Summe der Bruchteile „größer als 1“ wird:

$4\frac{3}{7} + 2\frac{2}{3} = 4 + 2 + \frac{3}{7} + \frac{2}{3} = 6 + \frac{9}{21} + \frac{14}{21} = 6 + \frac{23}{21} = 6 + \frac{21}{21} + \frac{2}{21} = 7\frac{2}{21}$.

Beispiel „Subtrahieren“:

$4\frac{3}{7} - 2\frac{1}{3} = 4 - 2 + \frac{3}{7} - \frac{1}{3} = 2 + \frac{9}{21} - \frac{7}{21} = 2 + \frac{9-7}{21} = 2 + \frac{2}{21} = 2\frac{2}{21}$

1 **Wandle die gemischten Brüche in unechte Brüche und umgekehrt.**

a) $3\frac{7}{11}$ b) $\frac{15}{4}$ c) $1\frac{3}{7}$ d) $7\frac{5}{8}$ e) $\frac{49}{5}$ f) $\frac{101}{10}$

2 **Addiere.**

a) $5\frac{1}{2} + 7\frac{2}{9}$ b) $4\frac{3}{7} + 3\frac{1}{6}$ c) $8\frac{3}{4} + 7\frac{5}{6}$ d) $1\frac{5}{12} + 3\frac{5}{8}$

3 **Subtrahiere.**

a) $9\frac{3}{4} - 5\frac{1}{2}$ b) $20\frac{4}{7} - 10\frac{1}{3}$ c) $8\frac{5}{9} - 8\frac{1}{6}$ d) $5\frac{7}{12} - 3\frac{1}{4}$

Info

Wenn die Differenz der Bruchteile „kleiner als 0“ wird, musst du dir bei den „Ganzen“ $\frac{1}{1}$ „leihen“.

Beispiel: $4\frac{3}{7} - 2\frac{2}{3} = 4 - 2 + \frac{3}{7} - \frac{2}{3} = 2 + \frac{9}{21} - \frac{14}{21} = 1 + \frac{21}{21} + \frac{9}{21} - \frac{14}{21}$

$= 1 + \frac{21 + 9 - 14}{21} = 1\frac{16}{21}$

4 Berechne.

a) $9\frac{1}{6} - 5\frac{3}{4}$ b) $15\frac{3}{7} - 10\frac{4}{5}$ c) $9\frac{2}{9} - 8\frac{5}{6}$

Info

Du kannst gemischte Brüche auch addieren und subtrahieren, indem du sie in unechte Brüche verwandelst.

Beispiel: $4\frac{3}{7} - 2\frac{2}{3} = \frac{31}{7} - \frac{8}{3} = \frac{93}{21} - \frac{56}{21} = \frac{93 - 56}{21} = \frac{37}{21} = 1\frac{16}{21}$

5 Berechne wie im Beispiel.

a) $6\frac{1}{4} + 3\frac{4}{5}$ b) $20\frac{1}{7} - 10\frac{2}{3}$ c) $8\frac{2}{5} - 7\frac{5}{6}$

6 Berechne.

a) Wie groß ist die Differenz aus $34\frac{1}{7}$ und der Summe von $4\frac{1}{6} + 5\frac{1}{8}$?

b) Von welcher Zahl muss man $4\frac{1}{6}$ subtrahieren, um $455\frac{12}{120}$ zu erhalten?

1.4 Multiplizieren und dividieren von Bruchzahlen mit einer natürlichen Zahl

Was du schon können musst:

1. Multiplizieren und Dividieren.
2. Umwandeln von Bruchzahlen verschiedener Darstellung.
3. Kürzen.

Darum geht es

Bruchzahlen werden mit einer natürlichen Zahl multipliziert oder durch eine solche dividiert, also vervielfacht oder geteilt.

So multiplizierst du Brüche mit einer natürlichen Zahl

Du multiplizierst die natürliche Zahl mit dem Zähler der Bruchzahl und behältst den Nenner bei. Bei Stammbrüchen ist das sofort einleuchtend:

Beispiel 1: $\frac{1}{3} \cdot 4 = \frac{1 \cdot 4}{3} = \frac{4}{3} = 1\frac{1}{3}$

Beispiel 2: $\frac{2}{3} \cdot 4 = \frac{2 \cdot 4}{3} = \frac{8}{3} = 2\frac{2}{3}$

Bei der Multiplikation kannst du die Faktoren vertauschen:

$\frac{2}{3} \cdot 4 = 4 \cdot \frac{2}{3} = \frac{8}{3} = 2\frac{2}{3}$

So dividierst du Brüche durch eine natürliche Zahl

Du multiplizierst die natürliche Zahl mit dem Nenner der Bruchzahl und behältst den Zähler bei. Erinnere dich: Der Bruchstrich bedeutet „geteilt durch".

Beispiel 1: $\frac{2}{3} : 2 = \frac{2}{3 \cdot 2} = \frac{2}{6} = \frac{1}{3}$

Beispiel 2: $\frac{2}{3} : 4 = \frac{2}{3 \cdot 4} = \frac{2}{12} = \frac{1}{6}$

Achtung Bei der Division gilt das Vertauschungsgesetz **nicht!**

Achtung $4 \cdot \frac{2}{3}$ **ist ungleich** $4\frac{2}{3}$,

denn $4 \cdot \frac{2}{3} = \frac{4 \cdot 2}{3} = \frac{8}{3} = 2\frac{2}{3}$ **und** $4\frac{2}{3} = 4 + \frac{2}{3} = \frac{12}{3} + \frac{2}{3} = \frac{14}{3} = 4\frac{2}{3}$.

1 Berechne und veranschauliche die Rechnung in a), b), c) durch eine Zeichnung.

a) $\frac{2}{5} \cdot 2$ b) $\frac{3}{8} \cdot 2$ c) $\frac{3}{4} \cdot 3$

d) $\frac{5}{7} \cdot 4$ e) $\frac{7}{10} \cdot 3$ f) $9 \cdot \frac{11}{12}$

2 Berechne und veranschauliche die Rechnung in a), b), c) durch eine Zeichnung.

a) $\frac{1}{5} : 2$ b) $\frac{2}{3} : 4$ c) $\frac{3}{4} : 2$

d) $\frac{5}{7} : 3$ e) $\frac{9}{10} : 3$ f) $1\frac{1}{11} : 2$

Info

Beim Vervielfachen und Teilen erhält man oft Brüche, die man noch kürzen kann. Dann ist es vorteilhaft, vor dem Ausrechnen zu kürzen.
Beispiel: $\frac{7}{18} \cdot 12 = \frac{7 \cdot 12}{18} = \frac{7 \cdot 2}{3} = \frac{14}{3} = 4\frac{2}{3}$, denn $\frac{7 \cdot 12}{18} = \frac{7 \cdot \cancel{6} \cdot 2}{\cancel{6} \cdot 3} = \frac{14}{3}$
(Gleiche Faktoren in Zähler und Nenner „heben sich auf".)

3 Berechne. Kürze vor dem Ausrechnen.

a) $\frac{2}{15} \cdot 20$ b) $\frac{7}{8} \cdot 24$ c) $\frac{9}{16} \cdot 64$

d) $\frac{8}{35} : 16$ e) $\frac{12}{13} : 8$ f) $\frac{77}{100} : 11$

4 Marlene muss heute viele Bücher mit in die Schule nehmen. Zwei Bücher wiegen $\frac{7}{10}$ kg, drei Bücher wiegen $\frac{4}{5}$ kg und der Atlas ist $1\frac{1}{5}$ kg schwer. Alle Hefte wiegen $1\frac{1}{2}$ kg, das Mäppchen wiegt 250 g.
Wie schwer ist der Inhalt von Marlenes Ranzen?

5 Berechne.

a) Welche natürliche Zahl ist Lösung?

$x \cdot \frac{2}{5} = 4$ $\qquad y \cdot \frac{7}{9} = 14$ $\qquad \frac{z \cdot 7}{24} = 3\frac{1}{2}$

b) Welche Bruchzahl ist Lösung?

$x \cdot 7 = \frac{14}{15}$ $\qquad 9 \cdot y = 6\frac{3}{4}$ $\qquad 5 \cdot z = 6\frac{3}{7}$

1.5 Multiplizieren von Brüchen mit Bruchzahlen

Was du schon können musst:

1. Multiplizieren und Dividieren.
2. Umwandeln von Bruchzahlen verschiedener Darstellung.
3. Kürzen.
4. Einfache Bruchteile einer Größe bestimmen.

Darum geht es

Eine Bruchzahl wird mit einer anderen Bruchzahl multipliziert.
Das bedeutet zum Beispiel, dass wir das $1\frac{1}{2}$-fache von $\frac{3}{4}$ l bestimmen wollen, also $\frac{3}{4}\,\text{l} \cdot 1\frac{1}{2} = \frac{3}{4}\,\text{l} \cdot \frac{3}{2}$.

So multiplizierst du Brüche mit einer Bruchzahl

Bruchzahlen werden miteinander multipliziert, indem man Zähler mit Zähler und Nenner mit Nenner multipliziert.
Da man jede ganze Zahl als Bruch schreiben kann, z. B. gilt $5 = \frac{5}{1}$, kann diese Regel allgemein für die Multiplikation mit Brüchen verwendet werden.

Beispiel: $\frac{3}{4} \cdot \frac{3}{2} = \frac{3 \cdot 3}{4 \cdot 2} = \frac{9}{8} = 1\frac{1}{8}$

1. Faktor · 2. Faktor → Produkt

Auch hierbei gilt wieder: Wenn es möglich ist, vor dem Ausrechnen kürzen! Unechte Brüche im Ergebnis in gemischte Zahlen umwandeln!

1 Schreibe als Produkt und berechne wie im Beispiel: Wie viel sind?

Beispiel: $\frac{2}{5}$ von $\frac{3}{4}$ l sind $\frac{2}{5} \cdot \frac{3}{4}\,\text{l} = \frac{1}{5} \cdot \frac{3}{2}\,\text{l} = \frac{1 \cdot 3}{5 \cdot 2}\,\text{l} = \frac{3}{10}\,\text{l}$

a) $\frac{3}{7}$ von $\frac{1}{2}$ kg
b) $\frac{2}{3}$ von $\frac{7}{8}\,\text{m}^2$
c) $\frac{1}{3}$ von $\frac{3}{4}$ h
d) $\frac{1}{6}$ von $\frac{7}{10}$ cm
e) $\frac{5}{6}$ von $\frac{7}{10}$ cm

2 Wie viel ist

a) die Hälfte von $1\frac{1}{4}$ kg,
b) zwei Drittel einer $\frac{3}{4}$ Stunde,
c) die Hälfte von der Hälfte von der Hälfte?

3 Berechne folgende Produkte.

a) $\frac{7}{9} \cdot \frac{5}{8}$
b) $\frac{15}{14} \cdot \frac{6}{7}$
c) $\frac{12}{13} \cdot \frac{4}{5}$
d) $\frac{19}{11} \cdot \frac{3}{11}$
e) $\frac{5}{9} \cdot \frac{5}{9}$
f) $\left(\frac{11}{12}\right)^2$

4 **Berechne das Produkt, kürze – wenn möglich – vor dem Ausrechnen.**

a) $\frac{15}{14} \cdot \frac{7}{25}$ b) $\frac{36}{37} \cdot \frac{74}{9}$ c) $\frac{19}{17} \cdot \frac{51}{57}$

d) $\frac{450}{390} \cdot \frac{117}{135}$ e) $\frac{720}{86} \cdot \frac{43}{240}$

5 **Berechne das Produkt und kürze möglichst früh.**

a) $\frac{44}{49} \cdot \frac{7}{3} \cdot \frac{33}{5} \cdot \frac{15}{121}$ b) $\frac{13}{18} \cdot \frac{21}{17} \cdot \frac{108}{39} \cdot \frac{34}{28}$ c) $\frac{9}{16} \cdot \frac{45}{48} \cdot \frac{28}{54} \cdot \frac{64}{70}$

Info

Wandle beim **Multiplizieren von gemischten Zahlen** zunächst in einen unechten Bruch um und multipliziere dann.
Beispiel: $1\frac{3}{4} \cdot 2\frac{4}{9} = \left(1 + \frac{3}{4}\right) \cdot \left(2 + \frac{4}{9}\right) = \frac{7}{4} \cdot \frac{22}{9} = \frac{7 \cdot 11}{2 \cdot 9} = \frac{77}{18} = 4\frac{5}{18}$
Hier darfst du **nicht** Ganze mit Ganzen und Bruchteil mit Bruchteil multiplizieren: $1\frac{3}{4} \cdot 2\frac{4}{9} \neq 1 \cdot 2 \cdot \frac{3}{4} \cdot \frac{4}{9} = 1 \cdot 2 \cdot \frac{1}{3} = \frac{2}{3} \neq 4\frac{5}{18}$
(vgl. Beispielrechnung).

6 **Bilde das Produkt von folgenden gemischten Zahlen. Wandle erst um.**

a) $5\frac{3}{7} \cdot 2\frac{4}{19}$ b) $20\frac{1}{4} \cdot 2\frac{2}{9}$ c) $6\frac{6}{7} \cdot 2\frac{11}{12}$ d) $11\frac{2}{3} \cdot \frac{4}{51}$

7 **Berechne wie im Beispiel.**

Beispiel: $6\frac{1}{4} \cdot 2 = 6 \cdot 2 + \frac{1}{4} \cdot 2 = 12 + \frac{2}{4} = 12\frac{1}{2}$.

a) $5\frac{5}{6} \cdot 8$ b) $1\frac{1}{5} \cdot 7$ c) $12\frac{4}{15} \cdot 30$

d) $8\frac{3}{4} \cdot 7$ e) $65\frac{66}{67} \cdot 0$

1.6 Dividieren von Brüchen durch eine Bruchzahl

Was du schon können musst:

1. Multiplizieren und Dividieren.
2. Umwandeln von Bruchzahlen verschiedener Darstellung.
3. Kürzen von Brüchen.
4. Das Produkt aus Quotient und Divisor ergibt den Dividenden, das heißt, wenn $16 : 8 = 2$, dann ist auch $2 \cdot 8 = 16$.
5. Durch „0" darf man nicht dividieren!

Darum geht es

Eine Bruchzahl wird durch eine andere Bruchzahl dividiert.
Beispiel: $4\frac{1}{2}$ l Saft sollen auf Flaschen zu je einem $\frac{3}{4}$ l verteilt werden. Wie viele Flaschen werden benötigt? Du musst also rechnen:
$4\frac{1}{2}\,\text{l} : \frac{3}{4}\,\text{l} = \frac{9}{2} : \frac{3}{4} = \frac{18}{4} : \frac{3}{4}$ und da $\frac{3}{4} + \frac{3}{4} + \frac{3}{4} + \frac{3}{4} + \frac{3}{4} + \frac{3}{4} = 6 \cdot \frac{3}{4}$ ist, werden 6 Flaschen benötigt.
Auf dasselbe Ergebnis kommst du, wenn du rechnest:
$\frac{18}{4} : \frac{3}{4} = \frac{18}{4} \cdot \frac{4}{3} = \frac{18}{3} = 6.$

So dividierst du Brüche durch eine Bruchzahl

Bestimmt werden soll zum Beispiel $\frac{4}{5} : \frac{7}{15} = x$. Also muss gelten $x \cdot \frac{7}{15} = \frac{4}{5}$, das x erhält man durch Bilden des Gegenoperators zu $\frac{7}{15}$, nämlich $\frac{15}{7}$, also $x = \frac{4}{5} \cdot \frac{15}{7}$.

Beispiel: $\frac{4}{5} : \frac{7}{15} = \frac{4}{5} \cdot \frac{15}{7} = \frac{4 \cdot 3}{1 \cdot 7} = \frac{12}{7} = 1\frac{5}{7}$

Dividend : Divisor = Dividend · Kehrwert → Quotient

Auch hierbei gilt wieder: Wenn nötig, kürze so früh wie möglich.
Unechte Brüche im Ergebnis in gemischte Zahlen umwandeln.

1 **Berechne den Quotienten.**

a) $\frac{3}{5} : \frac{4}{7}$ b) $\frac{5}{9} : \frac{12}{13}$ c) $\frac{63}{17} : \frac{42}{68}$

d) $\frac{27}{32} : \frac{9}{16}$ e) $\frac{215}{216} : \frac{135}{64}$

2 **Berechne. Wandle vorher um.**

a) $6\frac{4}{5} : 3$ b) $2\frac{3}{7} : 1\frac{3}{14}$ c) $5\frac{2}{3} : 2\frac{3}{5}$ d) $12\frac{1}{4} : 12\frac{1}{4}$

3 **Dividiere den Dividenden nacheinander durch die folgenden Zahlen.**

a) Dividend $\frac{4}{7}$, dividiere durch 1, $\frac{1}{2}$, $\frac{1}{4}$, $\frac{1}{8}$, ...;

b) Dividend $\frac{4}{7}$, dividiere durch 1, 2, 4, 8, ... Was fällt dir auf?

Info

Da sich jeder Bruch als Division darstellen lässt, kann man Doppelbrüche als Divisionsaufgabe schreiben.

$$\frac{\frac{3}{4}}{\frac{4}{5}} = \frac{3}{4} : \frac{4}{5} = \frac{3}{4} \cdot \frac{5}{4} = \frac{15}{16}$$

Achte darauf, wo der Hauptbruchstrich ist!

4 **Berechne die Doppelbrüche.**

a) $\frac{\frac{7}{9}}{\frac{14}{27}}$ b) $\frac{\frac{4}{5}}{5}$ c) $\frac{3\frac{5}{6}}{1\frac{2}{3}}$

5 **In einem Krug sind $1\frac{1}{2}$ l. Wie viele $\frac{1}{5}$ l große Gläser können damit gefüllt werden?**

6 **Welche der folgenden Aussagen sind wahr?**

a) $\frac{7}{8} : 0 = 0$ b) $\frac{1}{2} : \frac{1}{2} = 1$ c) $\frac{1}{2} : 2 = 1$ d) $\frac{4}{5} \cdot \frac{25}{16} > \frac{4}{5} : \frac{16}{25}$

7 **$\frac{13}{21}$ einer Zahl ist $5\frac{4}{7}$. Wie heißt die Zahl?**

1.7 Rechengesetze und Berechnung von einfachen Termen

Was du schon können musst:

1. Grundrechenarten für Bruchzahlen kennen.
2. Das Vertauschungsgesetz (Kommutativgesetz) gilt für + (und für ·).
3. Das Verbindungsgesetz (Assoziativgesetz) gilt nur für + (und für ·).
4. Das Verteilungsgesetz (Distributivgesetz) gilt für Punkt- und Strichrechnung.
5. Reihenfolge der Berechnung: Punkt- vor Strichrechnung (Klammer zuerst), wenn sich keine bekannte Regel anwenden lässt, dann rechne von links nach rechts.
6. Terme (das sind Rechenausdrücke) aufstellen und dafür notwendige Begriffe (Summe, Differenz, Produkt, Quotient, ...) kennen.

Darum geht es

In diesem Kapitel werden die Grundrechenarten miteinander verbunden. Es kommt auf die Reihenfolge der Berechnung an. Die oben angegebenen Rechengesetze für die natürlichen Zahlen gelten auch für die Bruchrechnung.

Rechnen mit mehreren miteinander verknüpften Bruchzahlen

Für alle Aufgaben gilt: Rechne schrittweise untereinander, schreibe auch das auf, was du noch nicht berechnet (bzw. umgewandelt) hast.
Beispiel: Es gilt: „Punkt vor Strich, Klammer zuerst!" (Die „Punktrechnung" wird auch schon vorbereitet.)

$5\frac{1}{4} \cdot 3\frac{1}{6} - \left(2\frac{1}{9} + 4\frac{1}{6}\right)$

$= \frac{21}{4} \cdot \frac{19}{6} - \left(\frac{19}{9} + \frac{25}{6}\right)$ (vor dem Multiplizieren kürzen)

$= \frac{7}{4} \cdot \frac{19}{2} - \left(\frac{38}{18} + \frac{75}{18}\right)$ (zum Addieren: Hauptnenner bilden)

$= \frac{133}{8} - \frac{113}{18}$ („paralleles Rechnen“ (Punkt/Klammer) möglich)

$= \frac{1\,197}{72} - \frac{452}{72}$ (zum Subtrahieren: Hauptnenner bilden)

$= \frac{745}{72} = 10\frac{25}{72}$ (zum Schluss: in eine gemischte Zahl verwandeln)

Merkregel „KlaPoPuStri“

Reihenfolge der Berechnung

Erst **Kla**mmer rechnen, dann: **Po**tenzrechnung, **Pu**nktrechnung, **Stri**chrechnung! Bei gleichartiger Rechnung rechne von links nach rechts!

1 Berechne und denke an die Reihenfolge „Punkt vor Strich“.

a) $11\frac{1}{5} - 3\frac{1}{2} \cdot 2\frac{3}{7}$ b) $\frac{7}{15} + 4\frac{1}{5} : 6\frac{2}{3}$ c) $\frac{12}{25} : \frac{4}{15} - \frac{3}{10}$

2 Berechne. Bei mehreren Klammern rechnest du erst die „innere“ Klammer.

a) $\left(\frac{2}{3} + 2\frac{1}{3} \cdot \frac{3}{5}\right) : \left(15\frac{1}{2} - 3\frac{1}{10}\right)$ b) $\left[4\frac{1}{2} - \left(1\frac{3}{4} + 2\frac{3}{5}\right)\right] : \frac{9}{25}$

3 Stelle den Term auf und berechne dann.

a) Multipliziere die Summe aus $\frac{5}{9}$ und $\frac{5}{6}$ mit $3\frac{3}{5}$.

b) Dividiere das Produkt von $4\frac{2}{5}$ und $3\frac{3}{4}$ durch $8\frac{4}{5}$.

c) Dividiere 10 durch die Differenz aus $4\frac{1}{2}$ und $3\frac{1}{3}$.

4 Berechne die Doppelbrüche. Schreibe für den großen Bruchstrich „geteilt durch“.

a) $\dfrac{\frac{2}{5} + \frac{3}{8}}{\frac{9}{10} - \frac{3}{5}}$ b) $\dfrac{\frac{1}{12} : \left(\frac{7}{8} - \frac{5}{6}\right)}{4\frac{1}{3} - 2\frac{3}{7}}$ c) $\dfrac{4\frac{7}{8} + 1\frac{1}{6}}{3\frac{5}{8} - \frac{7}{12} \cdot 1\frac{1}{7}}$

5 **Berechne die Aufgaben auf 2 Arten.**

Hier ein Beispiel mit natürlichen Zahlen

I. $(50 + 4) \cdot \mathbf{3} = 50 \cdot \mathbf{3} + 4 \cdot \mathbf{3} = 150 + 12 = 162$
II. $(\mathbf{50 + 4}) \cdot 3 = \mathbf{54} \cdot 3 = 162$

a) $\left(2\frac{1}{2} + 2\frac{2}{5}\right) \cdot \frac{5}{7}$ b) $\frac{4}{5} \cdot \left(\frac{15}{16} - \frac{3}{4}\right)$ c) $\left(\frac{3}{5} + 3\frac{1}{4}\right) : \frac{3}{8}$

6 **Zum Weiterdenken: Bestimme die Lösungsmenge für *x*!**

a) $x \cdot \frac{4}{9} = 2\frac{2}{3}$ b) $\frac{3}{10} \cdot x = 0$ c) $5\frac{3}{5} \cdot x = 3\frac{11}{15}$ d) $\frac{7}{9} \cdot x = \frac{7}{9}$

1.8 Sachaufgaben zur Bruchrechnung

Was du schon können musst:

1. Geübter Umgang mit allen Rechenarten zur Bruchrechnung.
2. Kenntnis im Umgang mit den Begriffen „Anteil“, „Bruchteil“, „Ganzes“.
3. Beim Lösen von Sachaufgaben: Rechenplan erstellen.

Darum geht es

Eine Textaufgabe muss zunächst verstanden werden und du musst überlegen, wonach **gefragt** ist. Danach zerlegst du ihre Bestandteile in Teilprobleme und erstellst dir einen **Rechenplan,** den du dann durchführst. Zum Schluss formulierst du die **Antwort.**
Diese Strategie (Frage – Rechnung – Antwort) gilt übrigens für alle Textaufgaben, nicht nur für die aus dem Bereich der Bruchrechnung.

Arbeite zunächst das folgende Beispiel durch

Aufgabe: In der Klasse 6c sind 30 Schülerinnen und Schüler. Bei einem Spiel wird die Klasse in drei Spielgruppen eingeteilt. In der ersten Gruppe sind $\frac{1}{3}$ der Schüler der Klasse, in der zweiten Gruppe $\frac{2}{5}$ und die übrigen Schüler bilden die dritte Gruppe. Wie viele Schüler sind in den einzelnen Gruppen.

Lösung:

1. **Verstehen der Aufgabe:**
   a) Was ist gegeben? 30 Schüler (Ganzes), $\frac{1}{3}$, $\frac{2}{5}$ Anteile der Gruppen 1 und 2.
   b) Was ist gesucht? Anteil Gruppe 3, Bruchteile Gruppen 1 bis 3.
2. **Zerlegen in Teilprobleme:**
   a) Berechnen des Anteils der dritten Gruppe.
   b) Berechnen der Bruchteile der einzelnen Gruppen bezogen auf das Ganze.
3. **Rechnung durchführen:**
   Anteil Gruppe 3: $1 - \frac{1}{3} - \frac{2}{5} = \frac{15}{15} - \frac{5}{15} - \frac{6}{15} = \frac{4}{15}$
   Bruchteile der Gruppen:
   1.) $30 \cdot \frac{1}{3} = 10$ 2.) $30 \cdot \frac{2}{5} = 12$ 3.) $30 \cdot \frac{4}{15} = 8$
   Probe: $10 + 12 + 8 = 30$
4. **Antwort formulieren:** In der ersten Gruppe sind 10, in der zweiten 12 und in der dritten 8 Schüler.

1 **Die Erdoberfläche ist ca. 510 Mill. km² groß. $\frac{3}{10}$ der Erdoberfläche sind Land, der Rest ist mit Wasser bedeckt. Berechne Landfläche und Wasserfläche in km².**

a) Auf der Nordhalbkugel sind etwa $\frac{3}{5}$ der Erde mit Wasser bedeckt und ca. $\frac{2}{5}$ mit Land. Gib die Angaben in km² an.

b) Bestimme mithilfe der obigen Angaben, welchen Anteil die Wasseroberfläche und welchen Anteil die Landoberfläche auf der Südhalbkugel ausmachen.

2 **Eine Streichholzschachtel ist $5\frac{1}{5}$ cm lang, $3\frac{3}{5}$ cm breit und $1\frac{1}{5}$ cm hoch. Berechne:**

a) den Rauminhalt,
b) den Oberflächeninhalt der Schachtel,
c) den Flächeninhalt der beiden Reibflächen.

3 **Ein Flugzeug soll eine Gewitterfront überfliegen und seine Flughöhe um $\frac{2}{9}$, das sind 1 200 m, erhöhen. Ermittle die Höhe, die das Flugzeug beim Überfliegen der Gewitterfront hat?**

4 **$\frac{1}{5}$ der Gesamthöhe eines Leuchtturmes befindet sich unter dem Meeresboden (Fundamente). $\frac{1}{3}$ befindet sich im Wasser (d. h. zwischen Meeresboden und Wasseroberfläche). 35 m ragen über das Wasser hinaus. Gib die Gesamthöhe des Leuchtturmes an.**

5 **Herr Groß hat ein rechteckiges Grundstück von 53 m Länge und 32 m Breite. Er möchte ein rechteckiges, 400 m² großes Stück verkaufen, indem er sein Grundstück in der Länge verkürzt. Um wie viele Meter verkürzt sich somit die Länge seines verbleibenden Grundstücks?**

Test Kapitel 1

1 a) $\frac{7}{9} = \frac{\square}{72} = \frac{35}{\square} = \frac{77}{\square}$ b) $\frac{5}{12} = \frac{30}{\square} = \frac{\square}{60} = \frac{75}{\square}$ |3|

2 **Ordne nach der Größe.**

$\frac{5}{8}; \frac{5}{5}; \frac{5}{9}; \frac{5}{14}; \frac{5}{11}; \frac{7}{5}; \frac{5}{7}; \frac{5}{20}; \frac{7}{3}; \frac{7}{2}; \frac{5}{6}$ |3|

3 **Berechne. Kürze das Ergebnis so weit wie möglich. Schreibe wenn nötig als gemischte Zahl.**

a) $\frac{2}{5} + \frac{1}{6}$ b) $\frac{8}{9} - \frac{5}{6}$ c) $\frac{19}{24} - \frac{11}{30}$

d) $\frac{11}{30} + \frac{11}{150} + \frac{4}{25}$ e) $9\frac{3}{8} - 2\frac{3}{5}$ |15|

4 **Berechne. Kürze möglichst frühzeitig.**

a) $\frac{12}{35} \cdot \frac{25}{42}$ b) $\frac{2}{5} \cdot 4$ c) $6\frac{6}{7} \cdot 2\frac{11}{20}$

d) $\frac{12}{7} \cdot \frac{16}{45} \cdot \frac{21}{36} \cdot \frac{9}{8}$ e) $\frac{6}{7} : 9$ f) $\frac{14}{15} : \frac{7}{10}$ |13|

5 **Berechne. Beachte die Rechenregeln.**

a) $\frac{16}{15} : \frac{8}{5} - \frac{3}{8} + \frac{15}{4} \cdot \frac{2}{5}$ b) $\left(1\frac{3}{5} + 2\frac{1}{2} \cdot \frac{4}{5}\right) : \left(2 - \frac{2}{7}\right)$ |10|

6 **Von den 660 Mitgliedern eines Sportvereins betreiben $\frac{3}{4}$ aktiv Sport. $\frac{4}{5}$ davon spielen Fußball. In der Fußballabteilung sind $\frac{1}{12}$ Mädchen.**

a) Bestimme den Anteil der Vereinsmitglieder, der Fußball spielt.

b) Gib an, wie viele Mädchen in diesem Verein Fußball spielen. |6|

|50|

Wie viele Punkte hast du? Erreichst du mehr als 39 Punkte, beherrschst du den Inhalt des Kapitels wirklich gut. Erreichst du weniger als 20 Punkte, dann solltest du dieses Kapitel wiederholen.

2.1 Dezimalzahlen – Zehnerbrüche

Was du schon können musst:

1. Das Zehnersystem (Dezimalsystem) ist ein Stellenwertsystem. Bei ganzen Zahlen beginnt es mit der Ziffer ganz rechts mit der „Einerstelle“, bei den nächsten Stellen wird der Wert der Ziffer auf dieser Stelle jeweils mit 10, dann mit 100, dann mit 1 000 usw. multipliziert (Einer, Zehner, Hunderter, Tausender ...). Alle Werte addiert, ergeben die Zahl.
   Beispiel: $523 = 3 \cdot 1 + 2 \cdot 10 + 5 \cdot 100$
2. Brüche erweitern und kürzen.
3. Von zwei Bruchzahlen mit gleichem Zähler ist diejenige kleiner, deren Nenner größer ist.

Darum geht es

Dezimalzahlen werden auch Kommazahlen genannt. Kommazahlen sind dir aus dem Alltag schon bekannt: Du bezahlst 1,80 €, läufst 0,5 km, hast 36,8° Körpertemperatur ... Es geht nun darum, die Stellen rechts vom Komma einer Dezimalzahl als Bruchzahlen zu schreiben. Umgekehrt können wir aber auch echte Brüche als „Stellen“ hinter dem Komma ausdrücken. Die Stellen vor dem Komma geben die Ganzen an: 1,12 ist 1 + 0,12.

Wir verwenden hier den Begriff „Dezimalzahl“ oder Dezimalbruch für „Kommazahl“, z. B. 0,75 und das Wort „Bruch“ z. B. für $\frac{3}{4}$.

Der Zusammenhang zwischen echten Brüchen und „Nachkommastellen“

Die erste Stelle rechts vom Komma ist die „Zehntel-Stelle“, es folgen die „Hundertstel-Stelle“, die „Tausendstel-Stelle“ usw. Konkret heißt das: $0{,}1 = \frac{1}{10}$; $0{,}01 = \frac{1}{100}$; $0{,}001 = \frac{1}{1\,000}$.

Beispiel: $0{,}23 = \frac{2}{10} + \frac{3}{100} = \frac{20}{100} + \frac{3}{100} = \frac{23}{100}$

Am besten lässt sich das an einer Stellentafel veranschaulichen:

	Hunderter	Zehner	Einer	Zehntel	Hundertstel	Tausendstel	
	100er	10er	1er	10tel	100tel	1000tel	
	H	Z	E	z	h	t	
358,4	3	5	8,	4			$3 \cdot 100 + 5 \cdot 10 + 8 \cdot 1 + 4 \cdot \frac{1}{10} = 358\,\frac{4}{10}$
27,086		2	7,	0	8	6	$2 \cdot 10 + 7 \cdot 1 + 0 \cdot \frac{1}{10} + 8 \cdot \frac{1}{100} + 6 \cdot \frac{1}{1\,000} = \frac{27\,086}{1\,000}$

1 Lege eine Stellentafel an und trage folgende Dezimalzahlen ein:
50,02; 3,1704; 300,05; 0,05; 0,001; 4,020406; 0,00101

...	H	Z	E	z	h	t	zt	h	...

2 Schreibe die Ziffern aus der Stellentafel als Dezimalzahlen und dann als Brüche.

H	Z	E	z	h	t	zt	ht
		2	5	5			
	1	3	0	4			
6	0	6	1	0	5		
		9	9	9			

3 Schreibe die folgenden echten Brüche als Dezimalzahl.

$\frac{4}{10}$; $\frac{1}{10}$, $\frac{35}{100}$; $\frac{80}{100}$; $\frac{5}{100}$; $\frac{678}{1\,000}$; $\frac{509}{1000}$; $\frac{17}{1\,000}$; $\frac{20}{1\,000}$; $\frac{5}{1\,000}$

4 Schreibe die gemischten Zahlen in Dezimalschreibweise.

$2\frac{9}{10}$; $3\frac{17}{100}$; $6\frac{7}{100}$; $20\frac{782}{1\,000}$; $12\frac{3}{1\,000}$; $31\frac{375}{1\,000}$; $5\frac{101}{10\,000}$;

$1\frac{10}{1000}$; $\frac{425}{100}$ (!)

5 Schreibe die Kommazahlen als echten Bruch oder als gemischte Zahl.

0,5; 0,375; 0,28; 0,045; 4,65; 50,05; 10,001; 0,20; 0,02

6 Schreibe als gekürzten Bruch.

Beispiel: $0{,}25 = \frac{25}{100} = \frac{1}{4}$

0,4; 0,6; 0,75; 0,125; 0,625; 0,105; 0,16; 0,85; 0,28

7 Wiederholung – Schreibe in der nächsthöheren Einheit.

a) 175 g
b) 2 025 g
c) 375 m
d) 216 dm^2
e) 750 cm^3
f) 4 040 kg
g) 21 000 mg
h) 700 cm
i) 850 ha
j) 150 s

2.2 Ordnen, Vergleichen und Runden von Dezimalzahlen

Was du schon können musst:

1. Umgang mit unserem üblichen Stellenwertsystem (Dezimalsystem).
2. Rundungsregeln für natürliche Zahlen kennen.
3. Natürliche Zahlen nach der Größe ordnen.

Darum geht es

Aufgrund des Vergleichs auch von Nachkommastellen soll entschieden werden, welche von zwei Dezimalzahlen zum Beispiel die größere ist.

Darauf musst du achten

Beim **Vergleich** der Nachkommastelle musst du beachten, dass – wie auch bei den natürlichen Zahlen – die weiter links stehende Stelle einen höheren Wert hat, als die Stelle weiter rechts.
Beginne also mit dem Vergleich „gleicher" Stellen von links. Sind die Ziffern einer jeweiligen Stelle gleich, so gehe immer weiter nach rechts. Triffst du dann auf eine Stelle, bei der sich die Ziffern unterscheiden, so ist die Zahl mit der größeren Ziffer an dieser Stelle auch größer (1,45 € sind mehr als 1,44 €). Wir **ordnen** die Zahlen mithilfe der Relationszeichen oder des Gleichheitszeichens (<, >, =).

Beispiele:

345,5**5**6 und 345,5**6**6 → Die erste Stelle von links nach rechts, die sich unterscheidet ist die Hundertstel-Stelle, 6 > 5, also ist 345,566 > 345,556.

Beim **Runden** gilt wie bisher auch: „Bei 0,1,2,3,4 wird abgerundet, bei 5,6,7,8,9 wird aufgerundet".

Beispiel: Runde 5,478 auf die Zehntel-Stelle. Betrachte die Stelle rechts von der Zehntel-Stelle, die Ziffer ist 7, also wird auf die Stelle nach dem Komma (4) aufgerundet: $5{,}478 \approx 5{,}5$

1 Die Darstellung am Zahlenstrahl ist hilfreich beim Ordnen und Vergleichen.

a) Welche Dezimalbrüche gehören zu den 6 markierten Punkte *A* bis *F*?

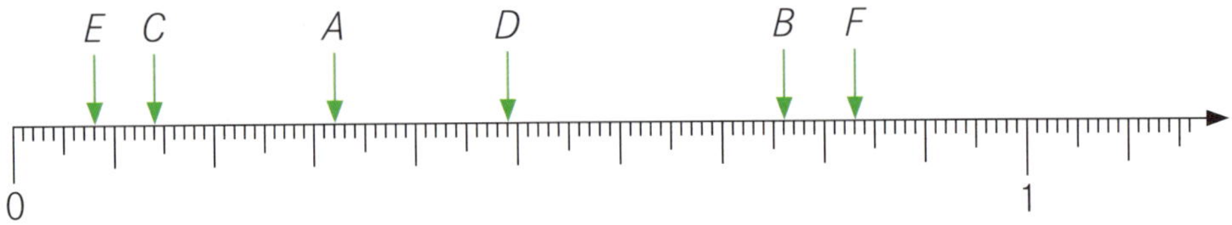

b) Markiere die Punkte am Zahlenstrahl, die zu den Dezimalzahlen gehören.

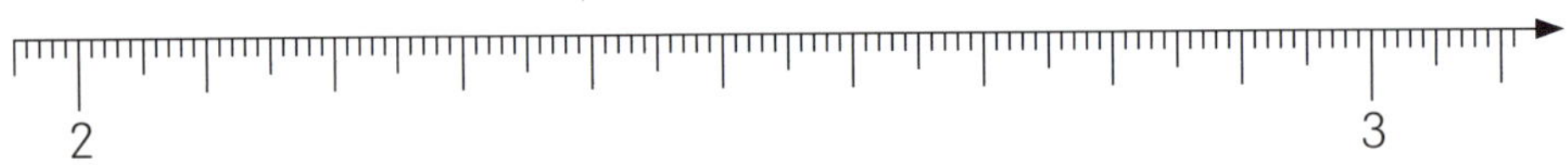

A = 2,55; *B* = 2,1; *C* = 2,93; *D* = 3,05; *E* = 2,27; *F* = 2,69

2 Welcher Dezimalbruch liegt in der Mitte von

a) 0,6 und 1,2; b) 2,42 und 2,74; c) 0,25 und 0,99?

3 Ordne folgende Zahlen von klein nach groß, verwende das „<-Zeichen“.

345,22; 453,22; 345,202; 345,022; 453,202; 534,222

4 Setze das richtige Relationszeichen (< oder >).

a) 56,7280 ☐ 56,7082 b) 103,5905 ☐ 103,5899

c) 0,0903 ☐ 0,3090 d) 345,354 ☐ 345,345

5 **Runde die folgenden Zahlen auf Einer, also so, dass das Komma wegfällt.**
Beispiele: 67,9 ≈ 68; 83,24 ≈ 83

a) 56,4 b) 23,7 c) 0,8
d) 123,56 e) 45,07

6 **Runde die folgenden Zahlen auf die in Klammern angegebene Stelle.**
Beispiel: Runde auf Hundertstel (h): 73,458 ≈ 73,46

a) 30,472 (h) b) 0,5638 (t) c) 9,807 (E) d) 6,974 (z)(!)

7 **Runde folgende Dezimalbrüche auf 2 Dezimalen (2 Stellen nach dem Komma).**
Beispiel: 1,9354 ergibt gerundet 1,94.

a) 17,0158 b) 8,9845 c) 0,0063 d) 69,998

8 **Runde auf die in Klammern angegebene Anzahl von Dezimalen.**

a) 0,579 (2) b) 0,267 (1) c) 5,4588 (2) d) 13,0099 (3)(!)

9 **Schreibe dezimal in der nächstkleineren Einheit, runde dann auf diese Einheit.**
Beispiel: 3,68 m = 36,8 dm ≈ 37 dm

a) 0,0462 kg b) 3,2759 ha c) 0,0373 dm^3 d) 5,712 hl
e) 15,89 m f) 3,375 km g) 0,678 a h) 2,1005 t

10 **Welche Zahlen *x* ergeben bei der Rundung die folgende Dezimalzahl?**

a) 0,47 b) 4,3 c) 0,550 d) 72

2.3 Addieren und Subtrahieren von Dezimalzahlen

Was du schon können musst:

1. Schriftliches Addieren und Subtrahieren von natürlichen Zahlen.
2. Differenzregel für die Hintereinanderausführung der Subtraktion kennen, z. B. 199 – 67 – 13 – 10 = 199 – (67 + 13 +10) = 199 – 100 = 99.
3. Dezimalzahlen vergleichen und runden.
4. Rechnen mit Größen.

Darum geht es

Zwei oder mehr Dezimalzahlen werden addiert oder subtrahiert.

Darauf musst du achten

Wie bei der Addition und Subtraktion von natürlichen Zahlen musst du darauf achten, dass jeweils gleiche Stellen addiert bzw. subtrahiert werden. Beim schriftlichen Rechnen heißt das, dass gleiche Stellen untereinander stehen müssen.

Achtung Beim Addieren und Subtrahieren von Größen musst du darauf achten, dass nur gleiche Größen miteinander berechnet werden.

Beispiel: 2,45 kg + 685 g + 0,056 t

Entscheide, in welcher Einheit du rechnest und wandle um!

z. B. in kg: 2,45 kg + 0,685 kg + 56 kg

Schreibe untereinander und berechne! Ergänze evtl. „Null“!

```
    2,450 kg
+   0,685 kg
+  56,000 kg
-----------
   59,135 kg
```

Merke

Beim schriftlichen Addieren und Subtrahieren müssen die Kommas untereinander stehen.

1 **Schreibe die Zahlen untereinander und addiere.**

a) 42,57 + 8,305 + 351,2
b) 0,02356 + 0,5678 + 0,3106 + 0,09804

2 **Schreibe untereinander und subtrahiere.**

a) 73,72 – 5,8 – 14,03 – 7,45
b) 5,708 – 0,54 – 0,037 – 1,234

3 **Berechne. Verwandle bei jeder Aufgabe zunächst in eine sinnvolle Einheit.**

a) 0,76 km + 540 m + 6 825 dm
b) 0,572 ha + 3,75 a + 504 m^2
c) 0,0125 m^3 + 9,4 hl + 64 dm^3
d) 735,099 kg – 0,345 t – 875 g

Erinnerst du dich?

Bei Längeneinheiten ist die Umwandlungszahl 10 (außer von „m“ zu „km“, dort beträgt sie 1 000), bei Flächeneinheiten ist sie 100, bei Rauminhalten (Volumina) ist sie 1 000. Außerdem gilt:
1 dm^3 = 1 l; 100 l = 1 hl

4 **Welches der Zeichen <, =, > muss man setzen, um eine wahre Aussage zu erhalten?**

a) 3,85 + 3,16 ☐ 9,96 – 2,95
b) 0,46 + 0,95 ☐ 3,4 – 2,01
c) 23,23 – 14,14 ☐ 5,04 + 4,04
d) 0,03 + 0,75 ☐ 0,34 + 0,45

5 Berechne.

Denke an die Rechenregeln und beachte die Reihenfolge beim Rechnen. Rechne schrittweise untereinander und achte darauf, übersichtlich zu notieren. Nebenrechnungen führe getrennt zur Rechnung aus.

Beispiel:

$$(8{,}391 + 14{,}869) - (11{,}45 - 5{,}0456)$$
$$= 23{,}26 - 6{,}4044$$
$$= \underline{16{,}8556}$$

a) (3,784 + 15,35) - (8,78 - 2,9785)

b) (29,85 - 8,4564) - (3,567 + 2,654)

c) (25 + 8,909) - (1,34 + 0,45) - (6,777 - 2,555)

d) 52,6 - (18,01 - 8,42) - (7,35 + 6,7)

2.4 Multiplizieren von Dezimalzahlen

Was du schon können musst:

1. Dezimalsystem (Zehnersystem) im Aufbau verstehen.
2. Multiplikation von natürlichen Zahlen.
3. Technik des schriftlichen Multiplizierens beherrschen.

Darum geht es

Zum Thema „Multiplikation“ wird in drei Schritten vorgegangen:

1. Multiplikation einer Dezimalzahl mit Zehnerpotenzen (d. h. mit 10, 100 ...)
2. Multiplikation einer Dezimalzahl mit einer natürlichen Zahl
3. Multiplikation einer Dezimalzahl mit einer Dezimalzahl

Darauf musst du achten

zu 1. Multiplikation mit 10 heißt „es wird eine Null" angehängt. Multiplizieren wir eine Kommazahl mit 10, so heißt das, „das **Komma** wird um eine Stelle **nach rechts** verschoben.

Beispiele: a) $25 \cdot 10 = 250$ b) $34{,}56 \cdot 10 = 345{,}6$

Erklärung durch Umwandlung in 10er-Brüche:

$34{,}56 \cdot 10 = 34\frac{56}{100} \cdot 10 = \frac{3456}{100} \cdot 10 = \frac{3456}{10} = 345{,}6$

zu 2. Du willst zum Beispiel $0{,}17 \cdot 25$ berechnen. Wandelst du in eine Bruchzahl um, so folgt $\frac{17}{100} \cdot 25 = 17 \cdot \frac{25}{100} = \frac{425}{100} = 4{,}25$.

Oder du rechnest erst ohne Komma $17 \cdot 25 = 425$. Zum Setzen des Kommas zählst du von hinten zwei Nachkommstellen ab: 4,25.

Fehlende Stellen füllst du durch Nullen auf: $0{,}04 \cdot 6 = ?$

Rechne $4 \cdot 6 = 24$,

notiere dann 0,24.

zu 3. Beispiel: $1{,}7 \cdot 2{,}45 = \frac{17}{10} \cdot \frac{245}{100} = 17 \cdot \frac{245}{1\,000} = \frac{4\,165}{1\,000} = 4{,}165$

Rechnest du ohne die Umwandlung in Zehnerbrüche, so gilt wieder: Multipliziere zunächst ohne Komma und setze danach so viele Kommastellen, wie die Summe der Kommastellen aus 1. und 2. Faktor.

Also: $17 \cdot 245 = 4165$, daher ist 1,**7** · 2,**45** = 4,**165**

Eine Überschlagsrechnung ist sinnvoll, um zu kontrollieren, ob das Komma richtig gesetzt wurde: $1{,}7 \cdot 2{,}45 \approx 2 \cdot 2 \approx 4$.

Merke Zwei Dezimalzahlen werden so miteinander multipliziert, als wären keine Kommas vorhanden, dann trennt man im Ergebnis mit dem Komma so viele Kommastellen von rechts ab, wie die beiden Faktoren aus der Rechnung zusammen nach dem Komma haben.

1 **Multipliziere mit der jeweiligen Zehnerpotenz. Achtung: Wenn du das Komma nicht mehr verschieben kannst, musst du eine Null anhängen.**

a) $567{,}98 \cdot 10$ b) $345{,}763 \cdot 100$ c) $0{,}45 \cdot 1000$

d) $3{,}067 \cdot 10^2$ e) $85{,}02 \cdot 10^3$

2 **Gib die kleinste Zehnerpotenz an, mit der du folgende Zahlen multiplizieren musst, um eine natürliche Zahl zu erhalten.**
Beispiel: 6,45 · 100 = 645

a) 27,3735 b) 0,003 c) 46,00
d) 7,00007 e) 1,003 f) 1,00000

3 **Berechne im Kopf.**

a) 0,5 · 5 b) 0,2 · 5 c) 1,5 · 8
d) 2,5 · 6 e) 0,5 · 0,5 f) 0,25 · 0,25

4 **Berechne schriftlich.**

a) 3,15 · 7 b) 26,9 · 23 c) 63,05 · 46
d) 87,25 · 87 e) 0,567 · 64

5 **Berechne im Kopf. Rechne erst ohne Kommas, setze dann die notwendigen Stellen. Beispiel: 0,6 · 0,8. Du berechnest 6 · 8 = 48 und setzt von rechts nach links gehend nach 2 Stellen das Komma, also 0,48.**

a) 1,2 · 1,2 b) 0,04 · 2,5 c) 0,25 · 0,8
d) 1,1 · 1,4 e) 0,04 · 0,12

6 **Berechne schriftlich, mache zunächst eine Überschlagsrechnung.**
Beispiel: 4,8 · 7,2 ≈ 5 · 7 = 35; dann rechne: 4,8 · 7,2 = 34,56

a) 9,83 · 42,5 b) 30,8 · 4,9 c) 1,03 · 4,07
d) 5,43 · 1,75 e) 53,67 · 0,26

7 **Berechne nur das erste Produkt einer Aufgabe schriftlich, bestimme die weiteren durch Kommaverschiebung.**

Beispiel: $2{,}4 \cdot 1{,}1 = 2{,}64$;
es folgt: $0{,}24 \cdot 0{,}11 = 0{,}0264$ (4 Stellen).

a) $2{,}5 \cdot 0{,}68$	b) $45{,}76 \cdot 1{,}4$	c) $2{,}75 \cdot 3{,}25$
$25 \cdot 6{,}8$	$4{,}576 \cdot 0{,}14$	$27{,}5 \cdot 32{,}5$
$0{,}25 \cdot 0{,}068$	$457{,}6 \cdot 14$	$0{,}275 \cdot 0{,}325$

8 **Ein Fußballverein will von der Stadt ein Gelände von 176,5 m Länge und 112 m Breite erwerben. Die Stadt verlangt pro Quadratmeter 17,25 €. Wie viel Geld muss der Verein insgesamt aufbringen?**

2.5 Dividieren von Dezimalzahlen

Was du schon können musst:

1. Dezimalsystem (Zehnersystem) im Aufbau verstehen.
2. Schriftliches Dividieren von natürlichen Zahlen beherrschen.
3. Begriffe „Dividend, Divisor, Quotient“ kennen.

Darum geht es

Zum Thema „Division“ wird in drei Schritten vorgegangen:

1. Division einer Dezimalzahl durch Zehnerpotenzen (d. h. mit 10, 100, ...)
2. Division einer Dezimalzahl durch eine natürliche Zahl
3. Division einer Dezimalzahl durch eine Dezimalzahl

Darauf musst du achten

zu 1. Division durch 10 heißt: „Es wird eine Null am Ende gestrichen." Steht rechts keine Null, so wird eine Kommastelle gesetzt, bzw., „das **Komma** wird um eine Stelle **nach links** verschoben:

Beispiele:

a) 250 : 10 = 25

b) 345 : 10 = 34,5, denn $345 : 10 = \frac{345}{10} = 34\frac{5}{10} = 34{,}5$

c) 7 648 : 100 = 76,48

zu 2. Division durch eine natürliche Zahl:

Beispiel: 15,06 : 6

Du dividierst wie bei der Division von natürlichen Zahlen, wenn du beim „Stellen nach unten holen" das Komma überspringst, dann setze es an dieser Stelle im Ergebnis:

```
 15,06 : 6 = 2,51
-12
  30   (Achtung: „Komma setzen!")
 -30
   06
   -6
    0
```

zu 3. Division durch eine Dezimalzahl:

Beispiel: 169,05 : 13,8

Zuerst wird das Komma so verschoben, dass der Divisor eine ganze Zahl ist, d. h. also: Das Komma muss bei Dividend **und** Divisor in diesem Beispiel um eine Stelle nach rechts verschoben werden, dann wird wie unter 2. dividiert:

```
1690,5 : 138 = 12,25
138
 310
 276
  345   (Komma!)
  276
   690
   690
     0
```

1 **Gib die Dezimaldarstellung der folgenden Zahlen an, die sich ergibt, wenn man durch 10, 100, 1 000 und 10 000 teilt.**

Beispiel 870:
870 : 10 = 87; 870 : 100 = 8,7; 870 : 1 000 = 0,87; 870 : 10 000 = 0,087

a) 1 b) 28 002 c) 240,042 d) 0,05
e) 20,001 f) 100 000 g) 28 000 h) 10,01

2 **Berechne den Quotienten.**

a) 15,6 : 6 b) 125,25 : 15 c) 3,48 : 12 d) 2,16 : 8

3 **Berechne. Denke an die Kommaverschiebung.**

a) 108,36 : 4,2 b) 7,1361 : 0,27 c) 0,31 : 1,25 d) 14,118 : 5,2

4 **Berechne die folgenden Terme.**

a) (3,15 + 4,02 + 0,18) : 3 b) 1,464 : 0,4 – 2,66 · 0,5
c) (3,2 : 2 – 1,6) · 2,25

5 **In der folgenden Aufgabe geht es um die Berechnung des Mittelwertes.**

Erinnerst du dich?

Wenn du z. B. 4 Werte misst, dann musst du die 4 Werte addieren und dann durch 4 (Anzahl der gemessenen Werte) teilen.
Beispiel: (1,4 + 2,1 + 5,7 + 3,3) : 4 = 12,5 : 4 = 3,125

Beim Training wirft Philipp mit dem Schlagball folgende Weiten: 35,5 m, 38,9 m und 40,2 m.
Berechne den Mittelwert, den er in diesem Training erzielt hat.

6 **Baufirma Müller will die Erde einer 11,4 m langen, 8,2 m breiten und 1,6 m tiefen Baugrube mit drei LKWs abtransportieren. Jeder LKW kann maximal 4,5 m³ laden. Wie oft müssen die Wagen jeweils fahren, um den Aushub ganz abzutransportieren?**

7 **Begründe. Was ist günstiger?**
Im Supermarkt kosten 650 g der Tomaten aus Holland 2,60 €.
Die 800-g-Schale aus Italien kostet 3,16 €.

2.6 Abbrechende und periodische Dezimalzahlen

Was du schon können musst:

1. Umformen von Brüchen in Dezimalbrüche durch Erweitern oder Kürzen.
2. Umformen durch Dividieren von Zähler durch Nenner.

Darum geht es

Brüche sollen in Dezimalbrüche umgewandelt werden. Dabei können zwei Fälle auftreten:
1. Fall: Die Nachkommastellen brechen ab
2. Fall: Die Folge der Nachkommastellen bricht nicht ab, wiederholt sich aber periodisch

Darauf musst du achten

Du solltest mit der Zeit einigermaßen darin geübt sein, bei der Umwandlung zu erkennen, ob es besser ist, zu erweitern bzw. zu kürzen oder zu dividieren. Sicher erkennst du mit der Zeit auch schneller, welche Nenner in der Regel auf periodische Dezimalzahlen führen.

Beispiele:

1. Umwandeln durch Erweitern (Erweitern oder Kürzen auf Zehnerbrüche führt immer auf abbrechende Dezimalbrüche)
   a) $\frac{7}{25} = \frac{28}{100} = 0{,}28$ b) $\frac{5}{8} = \frac{625}{1\,000} = 0{,}625$
   c) $\frac{2}{3}$ Umwandeln durch Erweitern nicht möglich.
2. Umwandeln durch Dividieren:
   a) $\frac{5}{8} = 5 : 8 = 0{,}625$
   b) $\frac{2}{3} = 2 : 3 = 0{,}666...$; man schreibt $\frac{2}{3} = 2 : 3 = 0{,}\overline{6}$, sprich: „0 Komma Periode 6“.
   c) $\frac{1}{6} = 1 : 6 = 0{,}1\overline{6}$, sprich: „0 Komma 1 Periode 6“.

Beim Umwandeln von periodischen Dezimalzahlen in Brüche spielt die 9 eine besondere Rolle:
$\frac{1}{9} = 1 : 9 = 0{,}111... = 0{,}\overline{1}$, weiter erhält man $\frac{2}{9} = 0{,}\overline{2}$ und $\frac{5}{9} = 0{,}\overline{5}$.
Weiterhin gilt: $0{,}\overline{01} = \frac{1}{99}$ und $0{,}0\overline{1} = \frac{1}{90}$.

1 **Forme durch Erweitern oder Kürzen in einen Dezimalbruch um.**

a) $\frac{7}{20}$; $\frac{5}{4}$; $\frac{35}{25}$; $\frac{17}{50}$; $\frac{7}{25}$ b) $\frac{9}{8}$; $\frac{7}{125}$; $\frac{4}{15}$; $\frac{9}{40}$; $\frac{3}{16}$

2 **Untersuche, welche Zahlen gleich sind.**

a) 0,25; $\frac{1}{2}$; $\frac{2}{5}$; 0,5; $\frac{1}{4}$; 0,4; $\frac{4}{8}$; $\frac{4}{10}$

b) 0,1; $\frac{1}{100}$; 0,05; $\frac{1}{10}$; $\frac{1}{5}$; $\frac{1}{20}$; $\frac{5}{100}$; 0,20; 0,01

3 **Notiere die Brüche, die du nicht durch Erweitern oder Kürzen in einen Dezimalbruch umwandeln kannst.**

a) $\frac{23}{25}$; $\frac{5}{6}$; $\frac{3}{8}$; $\frac{4}{3}$; $\frac{3}{4}$; $\frac{1}{125}$ b) $\frac{7}{2}$; $\frac{1}{100}$; $\frac{4}{9}$; $\frac{3}{7}$; $\frac{1}{11}$; $\frac{35}{75}$

4 **Folgende Brüche lassen sich alle in abbrechende Dezimalbrüche verwandeln. Forme durch Dividieren von Zähler durch Nenner in Dezimalbrüche um.**

a) $\frac{29}{4}$; $\frac{11}{8}$; $\frac{51}{125}$; $\frac{11}{16}$; $\frac{9}{5}$ b) $\frac{12}{25}$; $\frac{25}{32}$; $\frac{13}{20}$; $\frac{153}{200}$; $\frac{3}{50}$

5 **Folgende Dezimalzahlen führen alle auf periodische Dezimalbrüche. Forme um.**

a) $\frac{4}{3}$; $\frac{5}{11}$; $\frac{5}{7}$; $\frac{2}{9}$; $\frac{1}{7}$ b) $\frac{5}{6}$; $\frac{7}{22}$; $\frac{3}{14}$; $\frac{11}{18}$; $\frac{7}{12}$

6 **Ordne die Zahlen nach der Größe.**

a) $0,\overline{1}$; $0,1$; $0,01$; $0,\overline{01}$; $0,11$; $0,\overline{10}$ b) $0,\overline{2}$; $0,21$; $0,23$; $0,2$; $0,22$; $0,\overline{21}$

7 **Wandle in gewöhnliche Brüche um.**

$0,\overline{2}$; $0,\overline{3}$; $0,\overline{4}$; $0,\overline{5}$; $0,\overline{02}$; $0,\overline{15}$; $0,\overline{10}$; $0,0\overline{2}$; $0,0\overline{4}$; $1,\overline{1}$; $1,\overline{6}$; $1,\overline{20}$

2.7 Berechnung von Termen

Was du schon können musst:

1. Du benötigst wieder die Rechengesetze wie in Kapitel 1.7.
2. Das Vertauschungsgesetz (Kommutativgesetz) gilt für + (und für ·).
3. Das Verbindungsgesetz (Assoziativgesetz) gilt nur für + (und für ·).
4. Das Verteilungsgesetz (Distributivgesetz) gilt für Punkt- und Strichrechnung.
5. Reihenfolge der Berechnung: Potenzrechnung, dann Punkt- vor Strichrechnung (Aber immer gilt: „Klammer zuerst" rechnen.), wenn sich keine bekannte Regel anwenden lässt, dann rechne von links nach rechts.
6. Terme aufstellen und dafür notwendige Begriffe (Summe, Differenz, Produkt, Quotient, ...) kennen.

Darum geht es

In diesem Kapitel werden wieder die Grundrechenarten miteinander verbunden (vgl. 1.7 und auch 2.5, Übung 4). Es kommt auf die Reihenfolge der Berechnung an. Es ist wichtig, dass du die Nebenrechnungen ganz getrennt von deiner Termberechnung machst, damit es nicht zu falschen Aussagen kommt!

Mehrere miteinander verknüpfte Dezimalbrüche

Wieder gilt für alle Aufgaben: Rechne schrittweise untereinander, schreibe auch das auf, was du noch nicht berechnet (bzw. umgewandelt) hast.

Beispiel: Nebenrechnung z. B. auf ein extra Blatt, Ergebnisse unter dem zugehörigen Ausdruck notieren!

$$\begin{aligned} & (2{,}5 \cdot 3{,}2 - 1{,}7) : (1{,}2 - 0{,}3) \\ =\ & (8 - 1{,}7) : 0{,}9 \\ =\ & 6{,}3 : 0{,}9 \\ =\ & 63 : 9 \\ =\ & 7 \end{aligned}$$

So stellst du Terme auf

Manchmal musst du die Rechenaufgabe auch erst selbst notieren und dann, ähnlich wie im Beispiel, ausrechnen.

Beispiel: Multipliziere die Summe aus 12,5 und 3,2 mit der Differenz aus 13,3 und 12,1 und berechne dann den Term.

Für „Summe aus 12,5 und 3,2“ notiere (12,5 + 3,2), für „Differenz aus 13,3 und 12,1“ notiere (13,3 − 12,1), dann multipliziere beide Ausdrücke.

Der Term lautet: $(12{,}5 + 3{,}2) \cdot (13{,}3 - 12{,}1)$

Berechnung: $= 15{,}7 \cdot 1{,}2$

$= 18{,}84$

1 Berechne. Beachte Punktrechnung vor Strichrechnung.

a) $0{,}5 \cdot 2{,}6 + 2{,}7$ b) $1{,}2 + 12{,}8 \cdot 0{,}25$ c) $15{,}4 - 1{,}4 \cdot 8{,}5$

2 Berechne. Rechne zuerst, was in der Klammer steht.

a) $0{,}5 \cdot (2{,}6 + 2{,}7)$
b) $(1{,}2 + 12{,}8) \cdot 0{,}25$
c) $(15{,}4 - 1{,}4) \cdot 8{,}5$
d) $(1{,}32 + 7{,}68) : (8{,}36 - 7{,}86)$
e) $3{,}6 \cdot 2{,}1 \cdot (16{,}05 - 14{,}75)$

3 Rechne folgende Aufgaben im Kopf und notiere das Ergebnis.
Für einige Aufgaben benötigst du die Quadratzahlen:
$1^2 = 1$, $2^2 = 4$, $3^2 = 9$, ..., $20^2 = 400$ bzw.
$0{,}1^2 = 0{,}01$; $0{,}2^2 = 0{,}04$; $0{,}3^2 = 0{,}09$; ...;
$1{,}1^2 = 1{,}21$; ...; $1{,}9^2 = 3{,}61$; $2{,}0^2 = 4{,}0$.

a) $25{,}3 + 0{,}9 \cdot 3 =$
b) $(4{,}58 - 0{,}97) : 1{,}9 =$
c) $(1{,}64 + 0{,}76) : 8 =$
d) $1{,}8^2 \cdot (2{,}4 : 0{,}5 - 4{,}8) =$
e) $0{,}75 : 0{,}25 - 4{,}8 : 2{,}4 =$
f) $1{,}1^2 + 1{,}2^2 + 0{,}35 =$

4 Berechne die Terme. Beachte die Rechengesetze.

a) $1{,}4^2 - (1{,}15 + 0{,}35)$
b) $(1{,}12 + 0{,}23 + 0{,}34) : 1{,}3^2$
c) $0{,}5^3 - 0{,}3^4 + 1{,}5^2$

5 Notiere erst den Rechenausdruck und berechne ihn anschließend.

a) Addiere zur Summe aus 14,75 und 7,25 die Differenz dieser Zahlen.
b) Multipliziere die Differenz aus 1,96 und 1,44 mit dem Produkt aus 0,13 und 4.
c) Dividiere die Summe aus 2,25 und 2,75 durch den Quotient aus 6,25 und 2,5.
d) Vermindere das 12-fache der Summe aus 1,1 und 1,2 um 6,6.

6 Notiere, bevor du rechnest, einen Rechenausdruck.
Frau Müller kauft ein: 200 g Salami (100 g kosten 1,99 €), 300 g Schinken (100 g zu 2,99 €), 3 Paar Bockwürste (das Stück zu 1,10 €). Sie bezahlt mit einem 20-Euro-Schein. Wie viel Wechselgeld bekommt sie zurück?

2.8 Sachaufgaben zum Rechnen mit Dezimalzahlen

Was du schon können musst:

1. Geübter Umgang mit allen Grundrechenarten und deren Verbindung.
2. Umsetzen von Textinformationen in mathematische Ausdrücke.

Darum geht es

Die für die Berechnung wichtigen Informationen sind aus dem Text herauszulösen und mathematisch umsetzen. (siehe auch Kapitel 1.8)

Das Schema, nach dem du an eine Textaufgabe herangehen sollst, ist immer gleich

1. Verstehen der Aufgabe: a) Was ist gegeben? b) Was ist gesucht?
2. Zerlegen in Teilprobleme (dabei ist es oft auch hilfreich, in einem Text unwichtige Informationen einfach zu streichen)
3. Rechnungen aufstellen und durchführen
4. Antwort formulieren

Vereinfacht kannst du dir folgendes Schema (das dir sicher bekannt ist) merken: Frage – Rechnung – Antwort.
Wenn du die Schritte ausführlich erläutert haben willst, dann schaue noch einmal in Kapitel 1.8 nach.

1 Runden und maximaler Fehler

Gemessene Werte sind nicht immer ganz genau, sondern meistens gerundet. Es gibt somit eine mögliche untere Grenze und eine mögliche obere Grenze, zwischen denen mein gemessener Wert schwankt. Man interessiert sich dabei für den größten Fehler, der auftreten kann (der sogenannte maximale Fehler).

Maximilian hat im Werkunterricht bei drei Holzstücken folgende Längen (auf Millimeter gerundet) gemessen: 10,4 cm; 12,7 cm; 15,2 cm; 16,8 cm. In einer Tabelle verdeutlicht er die mögliche untere bzw. obere Grenze sowie den maximalen Fehler:

gemessener Wert (auf mm gerundet)	mögliche untere Grenze	mögliche obere Grenze	Breite der Schwankung zwischen den Grenzen	maximaler Fehler
10,4 cm	10,35 cm	10,45 cm	1 mm	0,5 mm

Lege auch eine solche Tabelle für die weiteren Werte an und fülle sie aus!

2 Mittelwert bestimmen (vgl. 2.5; Übung 5)

Herr Schmidt notiert nach jeder neuen Tankfüllung den bisherigen Benzinverbrauch. Berechne den durchschnittlichen Benzinverbrauch im angegebenen Zeitraum.

Datum	Verbrauch in Liter
02.04.	7,6 l
16.04.	8,1 l
03.05.	8,4 l
12.05.	9,3 l
30.05.	9,2 l

3 Preisvergleich

Frau Klein kauft Waschmittel ein. Sie kann sich nicht entschließen, welches der beiden Waschmittel sie nehmen soll: Das 3-kg-Paket von Weiß-Wasch zu 8,40 € oder das 4,5-kg-Paket von Rein-Wasch zu 12,50 €. Schließlich nimmt sie doch das günstigere Waschmittel.

Berechne, welches günstiger ist, und gib den Preis pro Kilogramm an.

4 Längen

Eine Seemeile (sm) beträgt 1,852 km. Ein Frachtdampfer legt in einer Stunde 21,8 sm zurück. Wie viele Kilometer hat er in einer Stunde zurückgelegt?

5 Flächen

Eine Firma liefert eine Glasscheibe in den Maßen 2,38 m, 1,50 m. Der Quadratmeter kostet 57,90 €. Das Einsetzen wird pauschal mit 57,00 € berechnet. Wie teuer kommt das Einbauen dieser Scheibe?

6 Volumen und Masse

Ein Kubikzentimeter (1 cm^3) Kupfer wiegt 8,9 g. Wie schwer ist eine 1,25 cm dicke Kupferplatte, die 15,2 cm lang und 20,4 cm breit ist?

7 Volumen, Flächeninhalt, Masse

a) Ein quaderförmiges Wasserbecken ist 12,45 m lang, 5,70 m breit und 1,80 m tief. Wie viel Liter Wasser fasst das Becken?

b) Die Wände des Beckens sollen mit 15 cm × 15 cm (Breite inkl. Fugen) großen Fliesen erneuert werden. Wie viele Fliesen werden benötigt?

c) Der Boden wird gestrichen. Reicht ein Farbeimer zu 20 kg, wenn 1 kg Farbe für 3,5 m^2 ausreicht?

Test Kapitel 2

1 Ordne nach der Beziehung „ist größer als“ folgende Zahlen.

0,108; 0,018; $0,\overline{18}$; 0,18; 0,118 |3|

2 Runde jeweils auf die nächst kleinere Einheit.

Beispiel: $6{,}738\,m^2 \approx 674\,dm^2$

a) $36{,}3853\,m^2$ b) 14,415 m c) 2,366 dm |6|

3 Berechne.

a) $249{,}6 + 907 + 3{,}48 + 0{,}7$ b) $103 - 0{,}98 - 2{,}7 - 50{,}05$

c) $48{,}07 \cdot 0{,}07$ d) $3{,}4 : 0{,}125$

e) $33 \cdot (0{,}7 + 77) \cdot 0{,}3$ |16|

4 Wandle um: Bruchzahl in Dezimalzahl oder Dezimalzahl in Bruchzahl. (Kürze, wenn nötig, so weit wie möglich.)

$\frac{17}{200}$; $\frac{6}{34}$; 0,025; $\frac{2}{11}$; $\frac{14}{15}$; 0,54 |9|

5 Frau Schmidt kauft Waschmittel ein. Im Regal sind 3-kg-Pakete zu je 4,80 € und 4,5-kg-Pakete zu je 6,95 €. Welches Angebot ist günstiger? |6|

6 Frau Baumann bringt ihr Auto zur Inspektion in die Werkstatt. Es werden 5,4 Liter Öl zum Preis von 12,85 € pro Liter aufgefüllt. Verschiedene Ersatzteile (Ölfilter, Luftfilter, Glühbirnen usw.) berechnet die Firma Schadt mit 109,91 €. An Arbeitslohn werden $3\frac{1}{2}$ Stunden zu je 41,80 € in Rechnung gestellt. Wie viel muss Frau Baumann für diese Inspektion insgesamt bezahlen? |10|

|50|

Wie viele Punkte hast du? Erreichst du mehr als 39 Punkte, beherrschst du den Inhalt des Kapitels wirklich gut. Erreichst du weniger als 20 Punkte, dann solltest du dieses Kapitel wiederholen.

3 RATIONALE ZAHLEN

3.1 Zahlenstrahl und Zahlengerade

Was du schon können musst:

1. Die natürlichen Zahlen und die positiven Bruchzahlen bzw. Dezimalzahlen lassen sich am Zahlenstrahl darstellen, also „rechts von der 0“.

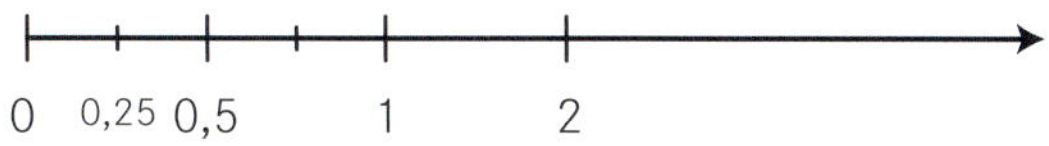

2. Je größer diese Zahl ist, umso größer ist deren Abstand zur 0 auf dem Zahlenstrahl.
3. Aus dem Buch „Besser in Mathe, Klasse 5“ kennst du schon die negativen ganzen Zahlen. Die negativen und positiven Zahlen lassen sich auf der Zahlengeraden darstellen, also „rechts und links von 0“.

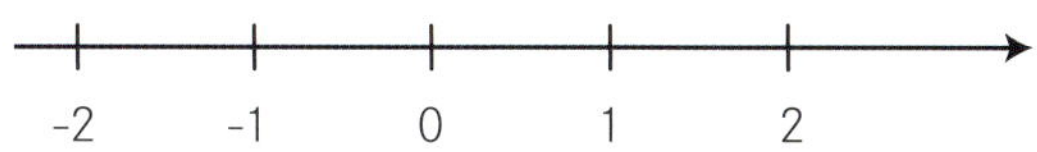

Darum geht es

Negative Zahlen: Beim Ablesen von Außentemperaturen im Winter sind dir schon negative Zahlen begegnet. Du hast aber sicher schon bemerkt, dass du Aufgaben wie „3 - 5“ nicht durchführen konntest, weil du im Matheunterricht noch keine „negativen“ Zahlen behandelt hast. Deshalb wird nun der Zahlenstrahl zur Zahlengeraden erweitert und die Gegenzahlen zu 1, 2, 3 ... links von der Null notiert, nämlich -1, -2, -3. Auch die negativen Bruchzahlen können auf der Zahlengeraden dargestellt werden, dabei ist z. B. $-\frac{1}{2}$ die Gegenbruchzahl zu $\frac{1}{2}$ und liegt zwischen - 1 und 0.

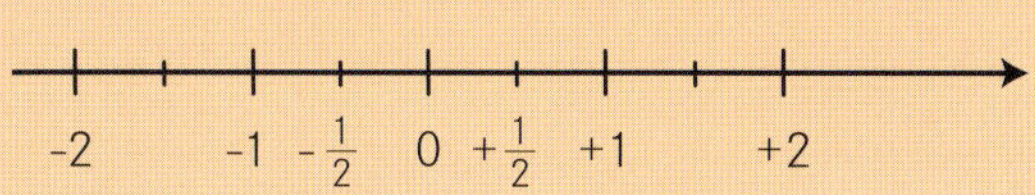

Die Zahlen links von Null nennt man negative Zahlen und kennzeichnet sie mit einem „–“ (minus), die Zahlen rechts von der Null haben entweder kein Vorzeichen oder man kennzeichnet sie zur Verdeutlichung mit einem „+“ (plus).

Anordnung Wie schon beim Zahlenstrahl für die natürlichen Zahlen gilt auch bei der Zahlengeraden aller negativen und positiven Bruchzahlen: Die kleinere von zwei Zahlen steht weiter links.

Zahlenbereiche Der kleinste Zahlenbereich enthält die Menge der natürlichen Zahlen $\mathbb{N}$.

$\mathbb{N}$ = 1, 2, 3 ... bzw. $\mathbb{N}_0$ = 0, 1, 2, 3 ...

Nimmt man die Gegenzahlen hinzu, erhält man die Menge der ganzen Zahlen $\mathbb{Z}$.

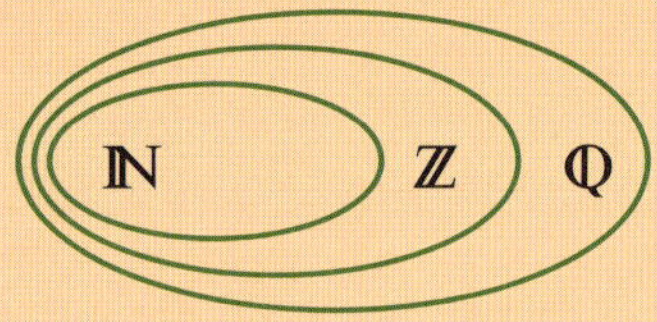

$\mathbb{Z}$ = ..., – 3, – 2, – 1,0, + 1, + 2, + 3 ...

Durch Erweiterung der positiven Bruchzahlen um ihre Gegenzahlen erhält man die Menge der rationalen Zahlen $\mathbb{Q}$.

1 **Zeichne eine Zahlengerade, wähle als Einheit 1 cm und trage die Zahlen ein.**

–3; 1; 4,2; –0,6; $\frac{3}{5}$; 5; –4,5; +0,8

2 **Zeichne eine Zahlengerade und trage die folgenden Zahlen und deren Gegenzahlen ein.**

5; 2; –3; $\frac{3}{4}$; –0,5; 1,5; $-\frac{2}{5}$; 0

3 **Das bisherige Achsenkreuz kann nun auch erweitert werden. Jedem Punkt im Achsenkreuz (Koordinatensystem) entspricht jetzt ein Paar rationaler Zahlen.**

Beispiel:

A (2,5 | 1,5); *B* (−0,5 | −1,5); *C* (−2 | 0,5)

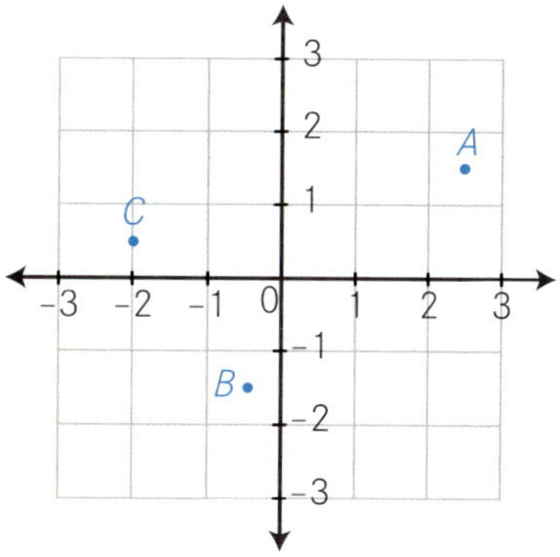

Trage die Punkte *A* bis *G* in ein geeignetes Koordinatensystem ein.

A (3 | −4); *B* (−0,5 | 2,2); *C* (4 | 3,5); *D* (−1 | −1); *E* (−1,6 | +2,4); *F* (−2,5 | −0,5); *G* (0 | −3)

4 **Vergleiche die folgenden Zahlen und verwende dazu < oder >.**

a) 6 ☐ −3
b) −0,5 ☐ −0,75
c) −17 ☐ −15
d) −1 024 ☐ −1 000
e) $\frac{2}{5}$ ☐ 0,3
f) 0 ☐ −10
g) 0,1 ☐ −1
h) −4 637 ☐ −4 638

5 **Welche Zahl liegt in der Mitte von?**

a) 0,5 und 1,5
b) 3,5 und 5
c) 0 und −1,5
d) $-\frac{1}{2}$ und 0,25
e) −1 und −4,5
f) −2,2 und $-3\frac{2}{50}$
g) 0,01 und 0,06
h) −0,01 und −0,1

6 **Gib alle ganzen Zahlen z an, für die gilt.**

a) $4 < z < 10{,}5$
b) $-6 \le z < 0$
c) $-3{,}1 < z \le 1$
d) $-2\frac{1}{4} \le z < 2\frac{1}{4}$

3.2 Betrag rationaler Zahlen

Was du schon können musst:

1. Positive und negative Bruchzahlen (d. h. auch Dezimalzahlen) lassen sich auf der Zahlengeraden darstellen.
2. Je weiter links eine Zahl auf der Zahlengeraden angeordnet ist, um so kleiner ist sie.
3. Zu jeder Zahl rechts von der Null gibt es eine Gegenzahl links von der Null.

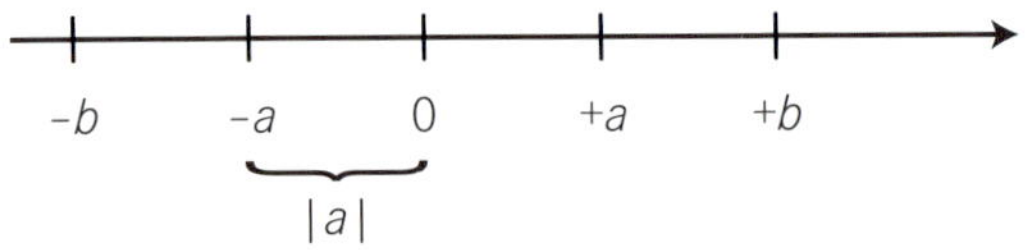

Darum geht es

Neben der Anordnung der Zahlen auf der Zahlengeraden interessiert auch der Abstand einer Zahl zum Nullpunkt der Zahlengeraden. Dabei haben eine Zahl und ihre Gegenzahl den gleichen Abstand zur Null. Die Zahl a (genauer $+a$) und die Zahl $-a$ sind vom Nullpunkt gleich weit entfernt.

Betrag

Der Betrag einer Zahl ist der Abstand dieser Zahl von „Null“. Man kennzeichnet den Betrag einer Zahl durch senkrechte Striche vor und hinter der Zahl.

Der Betrag von -3 ist somit 3, so wie der Betrag von $+3$.

Schreibe: $|-3| = 3 = |+3|$.

Info

Achtung Minuszeichen und Pluszeichen (– und +) können zwei verschiedene Bedeutungen haben!
Bedeutung als **Rechen- oder Operationszeichen:** Hier gibt das Zeichen + oder – an, welche Rechenoperation, nämlich Addition oder Subtraktion, durchgeführt werden soll.
Bedeutung als **Vorzeichen:** Hier gibt das Zeichen + oder – an, ob die Zahl positiv oder negativ ist, also ob die Zahl rechts oder links vom Nullpunkt der Zahlengeraden steht.
Beispiel: Anordnung und Betrag bei rationalen Zahlen
Betrachtet werden sollen die Temperaturen – 3 °C und – 11 °C und der Unterschied zwischen 0 °C und – 3 °C sowie 0 °C und – 11 °C.

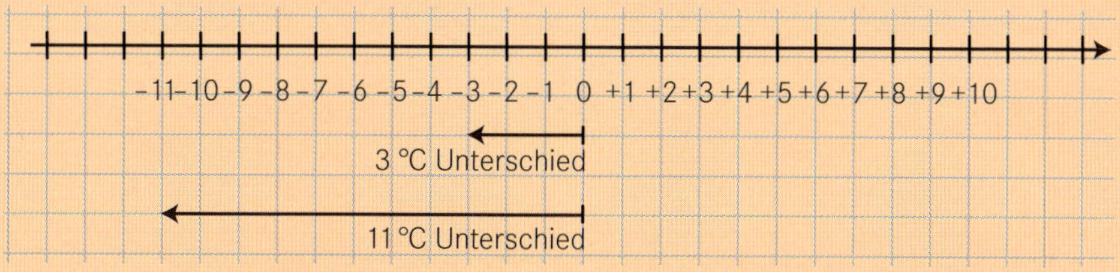

Die **Zahl** – 11 ist **kleiner** als die Zahl – 3, aber der **Unterschied** zwischen 0 und – 11 ist **größer** als der Unterschied zwischen 0 und – 3.

1 a) Gib die Beträge an für

$-3{,}87;\ \frac{7}{2};\ -\frac{5}{4};\ 0;\ 2{,}1;\ -0{,}75;\ 0{,}03;\ -0{,}54$

b) Bestimme die Beträge:

$|-6{,}4|;\ \left|+\frac{4}{5}\right|;\ |-8\,756|;\ |+10\,001|;\ |809|$

2 **Gib alle Zahlen an, deren Betrag wie folgt lautet.**

a) 73 b) 3,62 c) $\frac{7}{2}$ d) 0

e) $5\frac{1}{2}$ f) 6,5 g) 1

3 **Zeichne jeweils eine Zahlengerade und markiere wie in den Beispielen den Bereich aller rationalen Zahlen, für die die jeweilige Aussage gilt.**

Beispiele

Beispiel 1: $|z| < 2{,}2$
Lösung:

Beispiel 2: $2 \leq |z| < 4$
Lösung:

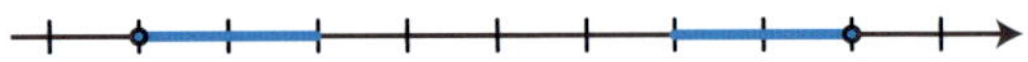

a) $|z| \leq 3$ b) $|z| \leq 3{,}5$ c) $3 < |z| < 5{,}5$

4 **Bestimme alle ganzen Zahlen, für die gilt.**

a) $|z| \leq 3$ b) $|z| \leq 3{,}5$ c) $|z| < 3$
d) $5{,}5 < |z| < 3$ e) $0 < |z| < 6$

5 **Gegeben sind folgende Zahlen: -1; $0{,}3$; $\frac{5}{4}$; 2; $-\frac{4}{3}$; $-2{,}5$.**
Ordne die Zahlen
a) nach der Größe, b) nach der Größe ihrer Beträge.

6 **Begründe die Behauptung: Wenn $a < b < 0$, dann ist $|a| > |b|$**

a) mit einer Skizze am Zahlenstrahl, b) mit Worten.

7 **Berechne folgende Beträge.**

a) $|-3{,}5| + |-2{,}5|$ b) $|+4| \cdot |-5{,}5|$
c) $\left|-\frac{5}{4}\right| : \left|+\frac{5}{2}\right|$ d) $||-2| + |-10||$

8 **Gib die Größe des Unterschieds zwischen folgenden Temperaturen an.**

a) −3 °C und +15 °C b) −7,8 °C und +7,8 °C
c) −10,1 °C und +1,1 °C

3.3 Addieren rationaler Zahlen

Was du schon können musst:

1. Rationale Zahlen lassen sich auf der Zahlengeraden anordnen.
2. Der Betrag einer rationalen Zahl gibt den Abstand zum Nullpunkt an.
3. Addition zweier positiver rationaler Zahlen (Bruch- bzw. Dezimalzahlen) beherrschen.
4. Addieren heißt – bezogen auf den Zahlenstrahl – nach rechts gehen.
5. Bei + und – unterscheidet man Vorzeichen und Rechenzeichen.

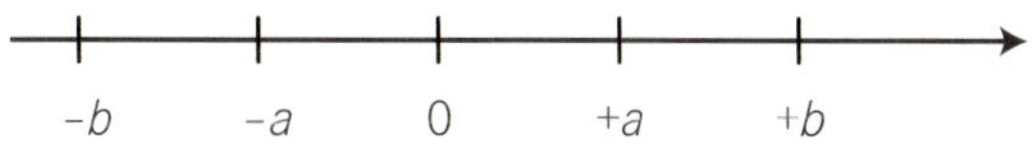

Darum geht es

Wir addieren positive und negative Zahlen.
Zur Verdeutlichung verwenden wir hier die Zahlen alle mit Vorzeichen. Die Zahlen mit Vorzeichen setzen wir in Klammern, um sie nicht mit den Rechenzeichen zu vermischen.

Addition einer positiven Zahl

Wie man eine positive Zahl addiert, ist dir bekannt: Du gehst auf dem Zahlenstrahl „nach rechts".

Beispiel: (+ 4) + (+ 5) = (+ 9)

Vom Punkt (+ 4) der Zahlengeraden gehst du um die Länge 5 nach rechts und kommst zum Punkt (+ 9).

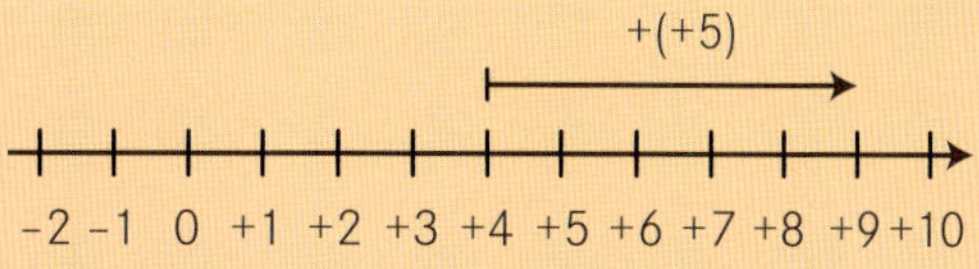

Addition einer negativen Zahl

Addiert man eine negative Zahl, so ist das gleichbedeutend mit:
Du gehst auf dem Zahlenstrahl „nach links“.

Beispiel: $(+4) + (-5) = (-1)$

Vom Punkt $(+4)$ der Zahlengeraden gehst du um die Länge 5 nach links und kommst zum Punkt (-1).

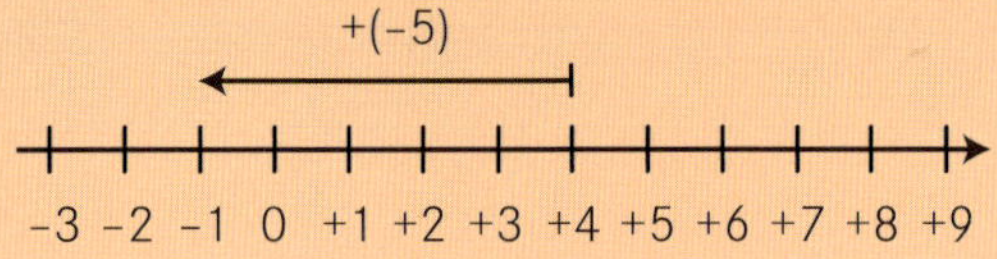

Was hier für ganze Zahlen gezeigt wurde, gilt genauso auch für positive und negative Bruchzahlen bzw. Dezimalzahlen, kurz gesagt, die rationalen Zahlen.
Und so berechnest du die **Summe zweier rationaler Zahlen:**

Bei gleichen Vorzeichen:

1. Addiere die Beträge.
2. Die Summe der Beträge erhält das gemeinsame Vorzeichen.

Bei verschiedenen Vorzeichen:

1. Subtrahiere den kleineren Betrag vom größeren.
2. Die Differenz erhält das Vorzeichen der Zahl mit dem größeren Betrag.

1 **Berechne (vgl. Beispiel). Achte auf die Vorzeichen.**

Beispiel

$(-11{,}5) + (+4{,}7)$ (Hier: verschiedene Vorzeichen)
Lösung:
1. Schritt: $|-11{,}5| - |+4{,}7| = 11{,}5 - 4{,}7 = 6{,}8$
2. Schritt: $-11{,}5$ hat den größeren Betrag, also ist das Vorzeichen $-$.
$(-11{,}5) + (+4{,}7) = -6{,}8$

a) $(-13) + (+6)$ b) $(+27) + (-43)$ c) $(-45) + (-12)$
d) $(+16) + (+68)$ e) $(-29) + (+35)$ f) $(-1{,}5) + (-4{,}5)$

2 **Notiere bei den folgenden Aufgaben lediglich das Vorzeichen der Summe.**

a) $(-1\,000) + (+900)$ b) $(+500) + (-899)$ c) $(-4\,501) + (+4\,499)$
d) $(-0{,}005) + (-0{,}01)$ e) $(+5{,}1) + (+1{,}5)$ f) $(-199) + (+190)$

3 **Berechne.**

a) $\left(-\frac{2}{3}\right) + \left(-\frac{1}{6}\right)$ b) $\left(-\frac{4}{5}\right) + \left(+\frac{2}{3}\right)$ c) $\left(+\frac{5}{8}\right) + \left(-\frac{6}{7}\right)$ d) $\left(-\frac{5}{12}\right) + +\frac{7}{18}$

e) $\left(-6\frac{1}{4}\right) + \left(-3\frac{3}{4}\right)$ f) $\left(+1\frac{1}{2}\right) + \left(+3\frac{5}{6}\right)$ g) $(+4{,}5) + \left(-\frac{4}{9}\right)$ h) $\left(+3\frac{2}{3}\right) + 1\frac{1}{3}$

4 **Gib mithilfe der Zahlengeraden an, welche Zahl für *x* eingesetzt werden muss.**

a) $(-5) + x = -11$ b) $(+155) + x = +105$ c) $23 + x = -10$

d) $(-4{,}9) + x = +6{,}5$ e) $x + (+7{,}2) = +3{,}6$ f) $x + \left(-5\frac{1}{3}\right) = -10\frac{1}{6}$

5 **Bezeichne in den folgenden Aufgaben Guthaben mit + und Schulden mit –, berechne dann.**

a) Herr Müller hat bei der „Sparbank“ ein Guthaben von 2.549,87 €, aber bei der „Plusbank“ Schulden von 1.369,01 €. Welche „Finanzlage“ hat Herr Müller?

b) Frau Klein hat Schulden bei der Sparbank von 157,09 € und bei der Plusbank von 617,98 €. Wie stellen sich ihre Finanzen dar?

6 a) Die Temperatur beträgt an einem Wintermorgen im Januar – 11,2 °C. Im Laufe des Tages steigt sie um 9,5 °C. Wie lautet die Höchsttemperatur an diesem Tag?

b) Am nächsten Morgen steht das Thermometer auf – 5,4 °C, doch diesmal klettert die Temperatur nur um 6,7 °C. Wie viel Grad wurde es an diesem Tag maximal?

3.4 Subtrahieren rationaler Zahlen

Was du schon können musst:

1. Rationale Zahlen lassen sich auf der Zahlengeraden anordnen.
2. Der Betrag einer rationalen Zahl gibt den Abstand zum Nullpunkt an.
3. Subtraktion zweier positiver rationaler Zahlen (Bruch- bzw. Dezimalzahlen) beherrschen.
4. Subtrahieren einer positiven Zahl heißt – bezogen auf den Zahlenstrahl – nach links gehen.
5. Die Gegenzahl zu $+a$ ist $-a$. Beispielsweise zu $+5$ ist die Gegenzahl -5.

Darum geht es

Zwei beliebige rationale Zahlen werden subtrahiert.
Zur Verdeutlichung verwenden wir hier (wie in 3.3) die Zahlen alle mit Vorzeichen. Die Zahlen mit Vorzeichen setzen wir in Klammern, um sie nicht mit den Rechenzeichen zu vermischen.

Subtraktion einer positiven Zahl

Du gehst auf der Zahlengeraden „nach links".
Beispiel: $(+4) - (+5) = (-1)$
Vom Punkt $(+4)$ der Zahlengeraden gehst du um die Länge 5 nach links und kommst zum Punkt (-1).

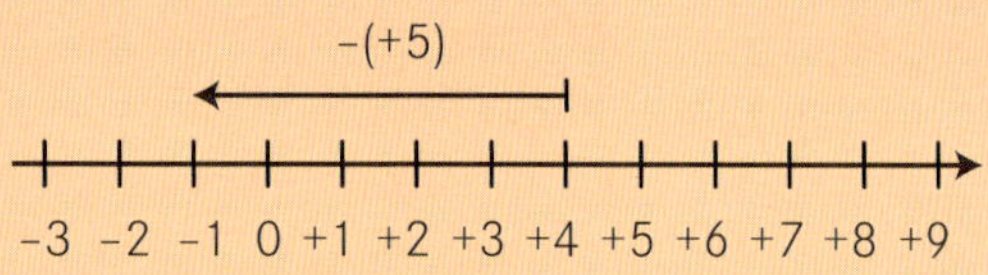

Subtraktion einer negativen Zahl

Du gehst auf der Zahlengeraden „nach rechts".

Beispiel: (+ 4) - (- 5) = (+ 9)

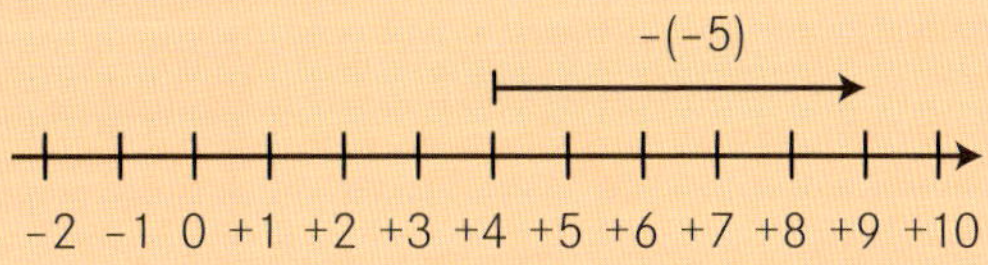

Vom Punkt (+ 4) der Zahlengeraden gehst du um die Länge 5 nach rechts und kommst zum Punkt (+ 9).

Was hier für ganze Zahlen gezeigt wurde, gilt genauso auch für positive und negative Bruchzahlen bzw. Dezimalzahlen, kurz gesagt, die rationalen Zahlen.

Merke **Subtrahieren einer Zahl** bedeutet dasselbe wie **Addieren ihrer Gegenzahl.**

Und so berechnest du die **Differenz zweier rationaler Zahlen:**

Du schreibst die **Differenz** zunächst als **Summe** und berechnest dann wie in 3.4

Gleiche Vorzeichen, d. h.:

1. Addiere die Beträge.
2. Die Summe der Beträge erhält das gemeinsame Vorzeichen.

Verschiedene Vorzeichen

1. Subtrahiere den kleineren Betrag vom größeren.
2. Die Differenz erhält das Vorzeichen der Zahl mit dem größeren Betrag.

Vergleiche die beiden Beispiel aus 3.3 und 3.4:

(+ 4) **–** (+ 5) = (+ 4) **+** (– 5) = ... = (– 1)

(Subtraktion) (Addition der Gegenzahl)

(+ 4) **–** (**–** 5) = (+ 4) **+** (**+** 5) = ... = (+ 9)

(Subtraktion) (Addition der Gegenzahl)

1 **Berechne (vgl. Beispiel S. 62); achte auf die Vorzeichen.**

a) (- 23) - (+ 16) b) (- 33) - (- 44) c) (+ 45) - (- 11)

d) (+ 86) - (+ 68) e) (- 19) - (- 15) f) (+ 0,5) - (+ 0,3)

Beispiel: (– 14,5) – (+ 3,5)

Lösung:

1. Schritt: Differenz als Summe schreiben: (– 14,5) + (– 3,5)

Gleiche Vorzeichen, also:

2. Schritt: Beträge addieren: |– 14,5| + |– 3,5| = 14,5 + 3,5 = 18

3. Schritt: Das gemeinsame Vorzeichen ist –, somit:

(– 14,5) – (+ 3,5) = [(– 14,5) + (– 3,5)] = – 18

2 **Notiere die folgenden Differenzen als Summe und gib dann das Vorzeichen der Summe an.**

a) (– 112) – (+ 73) b) (+ 531) – (– 245) c) (– 1 002) – (+ 2 001)
d) (+ 10,1) – (– 0,5) e) (+ 87,25) – (+ 11,5) f) (– 6 793) – (– 6 937)

3 **Berechne.**

a) $\left(+\frac{3}{4}\right)-\left(-\frac{1}{2}\right)$ b) $\left(-\frac{6}{7}\right)-\left(+\frac{1}{3}\right)$ c) $\left(+\frac{5}{9}\right)-\left(+\frac{5}{6}\right)$

d) $\left(+2\frac{1}{4}\right)-\left(+3\frac{3}{4}\right)$ e) $(-0{,}25)-\left(-\frac{9}{4}\right)$ f) $\left(+4\frac{3}{11}\right)-5\frac{7}{22}$

4 **Berechne, welche Zahl für *x* eingesetzt werden muss.**

a) $x - (-15) = (-13)$ b) $x - (+53) = (+223)$ c) $x - (+256) = 0$

d) $(-3{,}1) - x = (+4{,}3)$ e) $(+6{,}5) - x = 2{,}8$ f) $\left(-11\frac{1}{2}\right) - x = \left(-10\frac{1}{4}\right)$

5 **Berechne jeweils die Differenz zwischen der Höhe der Berge und der Tiefe der Meeresgräben.**

a) Mount Everest 8 848 m, Marianengraben bis zu – 11 034 m
b) Nanga Parbat 8 125 m, Kurilengraben bis zu – 10 542 m
c) Lhotse 8 516 m, Sundagraben bis zu – 7 455 m

6 Welche der folgenden Behauptungen sind richtig, welche sind falsch? Begründe.

a) Eine Differenz ist immer kleiner als die erste Zahl.
b) Die Differenz einer Zahl und ihrer Gegenzahl ist immer positiv.
c) Die Differenz zweier Zahlen kann man immer als Summe schreiben.
d) Die Summe einer Zahl und ihrer Gegenzahl ist immer null.

3.5 Multiplizieren rationaler Zahlen

Was du schon können musst:

1. Multiplikation von positiven Bruchzahlen beherrschen.
2. Kommutativ-, Assoziativ- und Distributivgesetz kennen.
3. Multiplikation als Hintereinanderausführung von Additionen verstehen; wissen, dass das Produkt einer Zahl und Null immer null ergibt: $a \cdot 0 = 0$.
4. Eine Potenz ist ein Produkt aus gleichen Faktoren: $a^3 = a \cdot a \cdot a$.
5. Mit dem Begriff „Betrag“ umgehen.

Darum geht es

Da du die Multiplikation von positiven Zahlen schon beherrschst, geht es jetzt nur noch um die Überlegung, welches Vorzeichen ein Produkt bei der Multiplikation verschiedener positiver und negativer Bruchzahlen erhält.

Multiplikation zweier rationaler Zahlen mit verschiedenen Vorzeichen

Die Multiplikation lässt sich als Hintereinanderausführung von Additionen verstehen.
Somit versteht man $5 \cdot (-7)$ als
$(-7) + (-7) + (-7) + (-7) + (-7)$ und es ist $5 \cdot (-7) = (-35)$
Die bisherigen Gesetze für die Multiplikation und Addition, nämlich das Kommutativgesetz und das Assoziativgesetz gelten auch für das Rechnen mit rationalen Zahlen.
Somit ist auch $(-7) \cdot 5 = 5 \cdot (-7) = (-35)$

Multiplikation zweier rationaler Zahlen mit gleichen Vorzeichen

Bei der Multiplikation zweier positiver Zahlen ist das Produkt auch positiv.
Dass das Produkt zweier negativer Zahlen auch positiv ist, erklärt sich aus dem Distributivgesetz:
$(-5) \cdot 0 = 0$, also auch $(-5) \cdot [(+7) + (-7)] = 0$
Klammer ausmultiplizieren:
$(-5) \cdot 7 + (-5) \cdot (-7) = 0$
$-35 + (-5) \cdot (-7) = 0$
d. h., es muss gelten $(-5) \cdot (-7) = (+35)$
(Gegenzahl von -35).

Regel für die Multiplikation zweier rationaler Zahlen

1. Multipliziere die Beträge.
2. Setze das Vorzeichen wie folgt:
   a) Haben beide Faktoren verschiedene Vorzeichen („(+) · (–) oder (–) · (+)“), so hat das Produkt das Vorzeichen –.

b) Haben beide Faktoren das gleiche Vorzeichen („(+) · (+) oder (–) · (–)“), so hat das Produkt das Vorzeichen +.

Beachte Für die Multiplikation einer Zahl *a* mit (– 1), schreiben wir einfach $-a$, also $a \cdot (-1) = \mathbf{(-1) \cdot a = -a}$, Multiplikation mit 1 ist dann $a \cdot 1 = \mathbf{1 \cdot a = a}$.

1 **Berechne (vgl. Beispiel); achte auf die Vorzeichen.**

Beispiel

(– 11) · (+ 6) (Hier: verschiedene Vorzeichen)

Lösung:

1. Schritt: |– 11| · |+ 6| = 11 · 6 = 66

2. Schritt: Vorzeichen setzen: Die Faktoren haben verschiedene Vorzeichen, das Produkt ist also negativ (–), es ist (– 11) · (+ 6) = – 66.

a) $(-18) \cdot (+4)$ b) $(-15) \cdot (-9)$ c) $(-12) \cdot 7$ d) $(-1) \cdot 30$

e) $75 \cdot (-1)$ f) $(-0{,}2) \cdot (-5)$ g) $0{,}3 \cdot \left(-\frac{5}{3}\right)$ h) $\frac{7}{9} \cdot \left(-\frac{27}{28}\right)$

i) $0{,}34 \cdot 0$ j) $\frac{15}{16} \cdot 2\frac{2}{3}$

2 **Berechne im Kopf.**

a) $(+16) \cdot (-5)$ b) $(-150) \cdot (-6)$ c) $(-1{,}2) \cdot \frac{5}{3}$ d) $\frac{7}{8} \cdot \left(-\frac{7}{8}\right)$

e) $-0{,}25 \cdot (-4)$ f) $(-0{,}3) \cdot 10$ g) $0{,}75 \cdot \left(-\frac{4}{3}\right)$ h) $1\frac{1}{2} \cdot (-1{,}5)$

i) $4{,}5 \cdot \frac{2}{9}$ j) $4\frac{1}{6} \cdot \frac{24}{25}$

3 **Berechne das Produkt von mehreren Faktoren. Rechne schrittweise und achte auf die Vorzeichen.**

a) $(-3) \cdot (-4) \cdot (+5)$ b) $2 \cdot 15 \cdot (-6)$ c) $(-1) \cdot (-15) \cdot (-4)$

d) $(-1{,}5) \cdot \left(-\frac{2}{3}\right) \cdot 3$ e) $(-8)^2 \cdot (-3)$ f) $(-4) \cdot (-4) \cdot (-4)$

g) $(-2)^3 \cdot (-2)^2$ h) $[(-0{,}5) \cdot 8]^2$

4 **Stelle eine Tabelle auf, aus der man ersehen kann, wann ein Produkt**

a) ... aus drei Faktoren ein negatives bzw. ein positives Vorzeichen hat;

b) ... aus vier Faktoren positiv oder negativ ist.

5 **Verdeutliche die Multiplikation wie in den Beispielen an einer Zahlengeraden.**

$(+2) \cdot (+4) = +8$
Streckung

$(-2) \cdot (+4) = -8$
Streckung

$(+2) \cdot (-4) = -8$
Streckspiegelung

$(-2) \cdot (-4) = +8$
Streckspiegelung

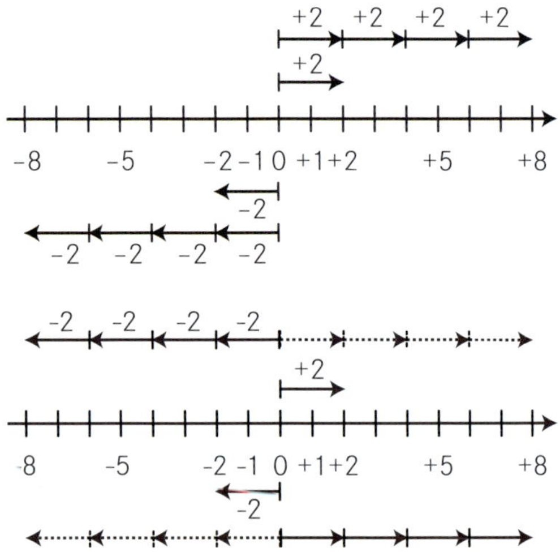

a) $(-3) \cdot (+2)$; $(-3) \cdot (-2)$; $(+3) \cdot (+2)$; $(+3) \cdot (-2)$

b) $(+1{,}5) \cdot 4$; $(-1{,}5) \cdot 4$; $(+1{,}5) \cdot (-4)$; $(-1{,}5) \cdot (+4)$

c) $(+4) \cdot (+0{,}5)$; $(-4) \cdot (+0{,}5)$; $(+4) \cdot (-0{,}5)$; $(-4) \cdot (-0{,}5)$; $(+0{,}5) \cdot (+4)$

3.6 Dividieren rationaler Zahlen

Was du schon können musst:

1. Division von positiven Bruch- und Dezimalzahlen beherrschen.
2. Multiplikation von rationalen Zahlen beherrschen.
3. Division als Umkehrung der Multiplikation verstehen.

4. Wissen, dass man durch null nicht teilen darf.
5. Eine Bruchzahl lässt sich als Divisionsaufgabe schreiben und umgekehrt.

Darum geht es

Der Multiplikation zweier Zahlen entspricht eine Division, z. B. gilt:
$12 \cdot 4 = 48$ oder $48 : 4 = 12$.

Die Multiplikation von $x \cdot 4 = 48$ entspricht der Division $x = 48 : 4$

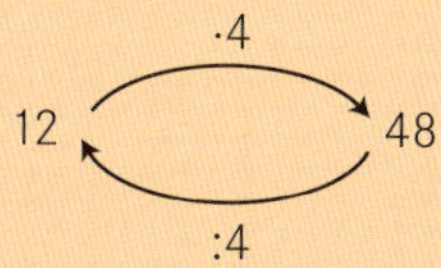

Wenn man diese Bedeutung der Division auf die rationalen Zahlen überträgt, erkennt man, dass sich für das Rechnen mit positiven und negativen Zahlen dieselben Regeln für die Vorzeichen ergeben wie bei der Multiplikation.

Division zweier rationaler Zahlen mit verschiedenen Vorzeichen

Der Multiplikation von $(-12) \cdot (+4) = (-48)$ entspricht die **Division** $(-48) : (+4) = (-12)$.

Der Multiplikation von $(-12) \cdot (-4) = (+48)$ entspricht die **Division** $(+48) : (-4) = (-12)$.

Division zweier rationaler Zahlen mit gleichen Vorzeichen

Der Multiplikation von $(+12) \cdot (+4) = (+48)$ entspricht die **Division** $(+48) : (+4) = (+12)$.

Der Multiplikation von $(+12) \cdot (-4) = (-48)$ entspricht die **Division** $(-48) : (-4) = (+12)$.

Regel für die Division zweier rationaler Zahlen (≠ 0)

1. Dividiere die Beträge.
2. Setze das Vorzeichen wie folgt:
   a) Bei verschiedenen Vorzeichen von Dividend und Divisor („(+) : (−) oder (−) : (+)“), hat der Quotient das Vorzeichen −.
   b) Bei gleichen Vorzeichen von Dividend und Divisor („(+) : (+) oder (−) : (−)“), hat der Quotient das Vorzeichen +.

Beachte Durch null darf man nicht teilen, denn die Division durch null ist nicht erklärt. „x : 0 ist nicht definiert, da sich keine Zahl finden lässt, die mit 0 multipliziert eine (von 0 verschieden) Zahl x ergibt.“

1 **Berechne im Kopf; achte auf Vorzeichen.**

a) $(-72) : (-8)$ b) $(+63) : (-9)$ c) $(+24) : (-3)$ d) $(-125) : (+15)$
e) $2{,}4 : (-0{,}3)$ f) $(+2{,}5) : 5$ g) $(-0{,}4) : (-0{,}5)$ h) $23 : (-0{,}25)$

2 **Berechne.**

a) $\frac{3}{4} : \left(-\frac{21}{32}\right)$ b) $\left(-\frac{16}{27}\right) : \left(-5\frac{1}{3}\right)$ c) $\left(-\frac{7}{8}\right) : \frac{1}{4}$ d) $\left(-\frac{4}{15}\right) : \left(-\frac{16}{45}\right)$

3 **Kürze bis zur Grunddarstellung und schreibe das Vorzeichen im Ergebnis vor den Bruch.**

a) $\frac{-72}{-144}$ b) $\frac{56}{-78}$ c) $\frac{-70}{91}$

4 **Schreibe als Bruch und kürze dann so weit wie möglich.**

a) $(-36) : (-96)$ b) $26 : (-2)$ c) $(-625) : 25$ d) $(-34) : (-85)$

5 **Schreibe die Doppelbrüche als Divisionsaufgabe und rechne dann.**

a) $\frac{\frac{-5}{9}}{\frac{20}{9}}$ b) $\frac{\frac{8}{-21}}{\frac{-72}{63}}$ c) $\frac{6\frac{8}{15}}{-7\frac{1}{5}}$

6 Ist z eine rationale Zahl ungleich null, so nennt man $\frac{1}{z}$ die Kehrzahl von z. Entscheide, welche der folgenden Aussagen wahr ist und welche falsch.

a) Ist eine Zahl z kleiner als + 1, so ist ihre Kehrzahl größer als + 1.
b) Multipliziert man eine rationale Zahl mit ihrer Kehrzahl, so erhält man 1.
c) Dividiert man eine rationale Zahl durch ihre Kehrzahl, so erhält man – 1.
d) Wenn man eine rationale Zahl durch ihre Gegenzahl teilt, erhält man – 1.
e) Wenn man von einer Zahl das Produkt aus ihrer Gegenzahl und ihrer Kehrzahl bildet, erhält man – 1.

3.7 Verbindung der Grundrechenarten – Terme

Was du schon können musst:

1. Rechnen mit Bruchzahlen und Dezimalzahlen.
2. Rechenregeln für das Rechnen mit rationalen Zahlen beherrschen
3. Rechengesetze (Kommutativgesetz, Assoziativgesetz, Distributivgesetz) kennen.
4. Reihenfolge der Berechnung von Termen kennen (**K**lammer, **P**otenz, **P**unkt- dann **S**trichrechnung).
5. Begriffe für die Bestandteile der Terme kennen.

Darum geht es

I.) Die drei **Rechengesetze** Kommutativ-, Assoziativ- und Distributivgesetz, die du bisher kennengelernt hast, gelten auch für das Rechnen mit rationalen Zahlen:
Für Addition und Multiplikation rationaler Zahlen a, b, c gelten:
Kommutativ-, d. h. Vertauschungsgesetz: $\boldsymbol{a + b = b + a}$ bzw. $\boldsymbol{a \cdot b = b \cdot a}$
und Assoziativ-, d. h. Verbindungsgesetz: $\boldsymbol{(a + b) + c = a + (b + c)}$ bzw.
$\boldsymbol{(a \cdot b) \cdot c = a \cdot (b \cdot c)}$.

Für die Verknüpfung beider Rechenarten gilt das Distributiv-, d. h. Vertauschungsgesetz: $\mathbf{a} \cdot (b + c) = \mathbf{a} \cdot b + \mathbf{a} \cdot c$.

Beispiele:

a) $\mathbf{4} \cdot (15 + 5) = \mathbf{4} \cdot 15 + \mathbf{4} \cdot 5 = 60 + 20 = 80$ (oder auch: $4 \cdot 20 = 80$)

b) $(-3) \cdot [(-4) + (-5)] = (-3) \cdot (-4) + (-3) \cdot (-5) = (+12) + (+15) = +27$

c) $(-1) \cdot [(+6) + (-2)] = -1 \cdot 6 + (-1) \cdot (-2) = -6 + (+2) = -4$;
kurz: $-[6 - 2] = -6 + 2$

II.) Beim **Berechnen von Termen** (Rechenausdrücken) beachte die Reihenfolge der Rechenoperationen und rechne schrittweise untereinander, damit die Rechnung übersichtlich und nachvollziehbar ist (vgl. auch Kapitel 1.7 und 2.7).

Beispiel: $((-35) : (-7) + 48 : (-12)) \cdot (-17 + 8)$
$= (+5 + (-4)) \cdot (-9)$
$= +1 \cdot (-9)$
$= -9$

III.) Bei den **Sachaufgaben,** versuche erst den Text zu verstehen und zu gliedern, dann berechne (vgl. 1.8 und 2.8).

1 Rechne günstig, indem du Vertauschungs- oder Verbindungsgesetz anwendest.

a) $(-35) + 231 + (-65)$

b) $576{,}5 + (-42) + (-58)$

c) $-\frac{3}{5} + \frac{4}{7} + \left(-\frac{2}{5}\right)$

d) $(-4) \cdot 37 \cdot (-25)$

e) $0{,}25 \cdot (-13) \cdot (-8)$

f) $\frac{3}{10} \cdot \frac{7}{13} \cdot \left(-\frac{5}{9}\right)$

2 Wende das Distributivgesetz (Verteilungsgesetz) an.

a) $(-5) \cdot ((-8) + (-10))$

b) $-10 \cdot (3{,}7 + (-2{,}9))$

c) $\left(-\frac{11}{7} + \frac{11}{9}\right) \cdot \left(-5\frac{8}{11}\right)$

3 **Berechne schrittweise untereinander.**

a) $(-6{,}5 + 1{,}2^2 \cdot 2) \cdot (-1{,}5)$

b) $[53 - (-24)] : 11 + (-63) : 9$

c) $\left(-\frac{2}{5}\right) \cdot (-2{,}5) - \left[\left(\frac{2}{3}\right)^2 + \frac{5}{9}\right]$

d) $-2{,}5 \cdot \left[-\frac{2}{5} - \left(-\frac{2}{3}\right)^2 \frac{5}{9}\right]$

4 **Stelle den Term auf und berechne ihn.**

a) Multipliziere -7 mit der Summe der Zahlen -9 und -5.
b) Addiere $\left(-\frac{5}{8}\right)$ zum Produkt der Zahlen $-\frac{3}{4}$ und $\frac{5}{6}$.
c) Dividiere die Differenz der Zahlen $-0{,}3$ und $-0{,}5$ durch -2.

5 **Die Klasse 6a rechnet aus, wie viel ihr Klassenfest letztendlich gekostet hat.**

Dabei hatten die 32 Schüler folgende Einnahmen: 1,50 € von jedem Schüler und 15,57 € aus der Klassenkasse. Das Essen wurde von den Eltern gespendet, die Getränke mussten gekauft werden: 2 Kästen Limo zu je 9,89 €, 3 Kästen Wasser zu je 6,49 € und 2 Kästen Apfelschorle zu je 7,79 €. Für Dekoration, Servietten und Becher haben die Schüler insgesamt 19,30 € ausgegeben. Haben die Einnahmen ausgereicht? Wenn nicht, bestimme, wie viel jeder Schüler noch bezahlen muss.

Test Kapitel 3

1 **Welche ganzen Zahlen erfüllen jeweils die folgenden Ungleichungen?**

a) $-3{,}1 < x < 2{,}8$

b) $-0{,}99 < y < 1{,}66$ |4|

2 **Berechne. Bei Differenzen schreibe erst als Summe und berechne dann.**

a) $(-0{,}87) + (-1{,}05)$

b) $(+2{,}09) - (+8{,}91)$

c) $(0{,}2) - \left(-13\frac{3}{5}\right)$ |8|

3 Subtrahiere jeweils die größere von der kleineren Zahl.

a) – 78; – 17 b) + 305; – 45 c) + 52,35; + 2,36 |6|

4 Berechne.

a) $-5{,}8 \cdot (-7)$ b) $-4{,}5 \cdot (-6{,}3)$ c) $24{,}42 : (-0{,}2)$ |6|

5 Berechne.

a) $3{,}7 + (-2{,}5) : 5$ b) $(-3 + (-5{,}2) : 4) \cdot (-1)$ |6|

6 Stelle den Term auf und berechne.

a) Subtrahiere (– 38) – (+ 74) von der Summe der jeweiligen Gegenzahlen. |5|

b) Um wie viel ist der Quotient $\frac{1}{10} : \frac{2}{5}$ größer als die Differenz $\frac{2}{20} - \frac{9}{10}$? |7|

7 a) Der griechische Mathematiker Thales von Milet lebte von etwa 624 v. Chr. bis ca. 544 v. Chr. Wie alt wurde Thales? |4|

b) Ägypten war von 30 v. Chr. bis 395 n. Chr. römische Provinz. Wie viele Jahre war Ägypten römisch? Beachte: In der damaligen Zeitrechnung gab es kein Jahr „Null“. |4|

|50|

Wie viele Punkte hast du? Erreichst du mehr als 39 Punkte, beherrschst du den Inhalt des Kapitels wirklich gut. Erreichst du weniger als 20 Punkte, dann solltest du dieses Kapitel wiederholen.

4.1 Anteil – Bruchteil – Ganzes (Wiederholung aus der Bruchrechnung)

Was du schon können musst:

1. Erweitern und Kürzen von Bruchzahlen.
2. Rechnen mit Bruchzahlen beherrschen.
3. Umwandeln von Bruch- in Dezimalschreibweise und umgekehrt.
4. Wissen: „Ganzes · Anteil = Bruchteil“ (vgl. 1.8).

Darum geht es

I. Aus der Bruchrechnung kennst du das Rechnen mit Ganzem, Anteil und Bruchteil, auch wenn du die Begriffe vielleicht nicht in dieser Art verwendet hast.

Beispiel: $\frac{3}{4}$ von 12 € sind 9 €;

Rechnung: $12\,€ \cdot \frac{3}{4} = (12\,€ : 4) \cdot 3 = 3\,€ \cdot 3 = 9\,€$

12 € ist das Ganze, $\frac{3}{4}$ ist der Anteil und 9 € ist der Bruchteil.

II. Bruch-, Dezimal und Prozentschreibweise

Den Anteil $\frac{3}{4}$ kann man auf verschiedene Weise schreiben:

$\frac{3}{4} = 0{,}75 = 75\,\%$.

Bruchschreibweise: $\frac{3}{4}$

Dezimalschreibweise: 0,75

denn: $\left[\frac{3}{4} = 3 : 4 = 0{,}75 \text{ oder } \frac{3}{4} = \frac{75}{100} = 0{,}75\right]$

Prozentschreibweise: 75 % sprich: „75 Prozent“

(d. h. 75 pro Hundert bzw. $\frac{75}{100}$)

Und so berechnet man Anteil – Bruchteil – Ganzes

Erläuterung der Begriffe anhand des Beispiels „$\frac{3}{4}$ von 12 € sind 9 €."
Man erhält ...

- den **Anteil,** indem man den Bruchteil durch das Ganze teilt:
  $9\,€ : 12\,€ = \frac{3}{4}$.
- den **Bruchteil,** indem man das Ganze mit dem Anteil multipliziert:
  $12\,€ \cdot \frac{3}{4} = 9\,€$.
- das **Ganze,** indem man den Bruchteil durch den Anteil dividiert:
  $9\,€ : \frac{3}{4} = 12\,€$.

Hinweis Die Erklärung der Prozentrechnung erfolgt über die Bruchrechnung und nicht über die Verhältnisrechnung (proportionale Zuordnungen), da diese in vielen Bundesländern erst in Klasse 7 eingeführt wird.

1 Gib die Anteile an, und zwar 1.) als gekürzten Bruch 2.) als Dezimalzahl und 3.) in Prozentschreibweise.

a) 3 cm von 15 cm
b) 4 l von 25 l
c) 6 kg von 30 kg
d) 8 m von 50 m
e) 150 g von 2 kg
f) 50 ct von 8 €

2 Berechne den Bruchteil.

a) Wie viel ist $\frac{1}{6}$ von $1\frac{1}{2}$ Stunden?

b) Wie viel ist 75 % von 160 €?

c) Wie viel sind $\frac{4}{15}$ von 1 290 m²?

d) In der Klasse 6 b sind $\frac{5}{8}$ der 32 Schüler Mädchen.
Wie viele Jungen gibt es?

3 **Berechne das Ganze.**

a) $\frac{5}{8}$ des Preises sind 75 €.

b) Die Hälfte des angegebenen Gewichts sind 4,6 kg.

c) 450 g sind 9 % des Gewichts.

d) Ein Mantel kostet im Schlussverkauf noch $\frac{4}{5}$ des alten Preises, nämlich 89,40 €. Wie viel hat er zuvor gekostet?

4 **Gib die folgenden Anteile in Dezimal- und Prozentschreibweise an.**

a) $\frac{35}{50}$ b) $\frac{3}{25}$ c) $\frac{7}{20}$ d) $\frac{5}{8}$

e) $\frac{1}{4}$ f) $\frac{490}{1\,000}$ g) $\frac{9}{1\,000}$

4.2 Prozentsatz – Prozentwert – Grundwert

Was du schon können musst:

1. Multiplizieren und Dividieren von Bruchzahlen und Dezimalzahlen.
2. Mit Bruch-, Dezimal- und Prozentschreibweise umgehen.
3. Anteile, Bruchteile und Ganzes berechnen.

Darum geht es

Im Alltag werden Anteile oft in „Prozent", d. h. in Hundertstelbrüchen, angegeben. Die Begriffe Anteil, Bruchteil und Ganzes werden nun anders benannt und auf die Prozentrechnung übertragen:
Anteil → Prozentsatz, Bruchteil → Prozentwert, Ganzes → Grundwert.
Anstelle des Hundertstelbruches $\frac{p}{100}$ schreiben wir p % (Prozentsatz).

Und so berechnet man Prozentsatz (Anteil) – Prozentwert (Bruchteil) – Grundwert (Ganzes)

Erläutert werden sollen Prozentsatz ***(p %)***, Prozentwert ***(W)***, Grundwert *(G)* am Beispiel „9 € von 12 € sind 75 %“.

Man erhält

▶ den **Prozentsatz,** indem man den Prozentwert durch den Grundwert teilt: 9 € : 12 € = $\frac{3}{4}$ = 0,75 = 75 %.

▶ den **Prozentwert,** indem man den Grundwert mit dem Prozentsatz multipliziert: 12 € ·75 % = 12 € · 0,75 = 9 €.

▶ den **Grundwert,** in dem man den Prozentwert durch den Prozentsatz dividiert: 9 € : 75 % = 9 € : 0,75 = 12 €.

Ein **Pfeilbild** kann den Zusammenhang verdeutlichen:

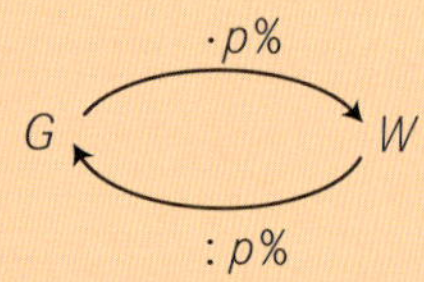

Vorwärts $G \cdot p\% \rightarrow W$ und rückwärts $W : p\% \rightarrow G$.
12 € ·75 % → 9 €; 9 € :75 % → 12 €

Du kannst dir aber auch die folgenden **Formeln** merken:

Prozentsatz = $\frac{\text{Prozentwert}}{\text{Grundwert}}$ $\quad p\% = \frac{W}{G}$

Prozentwert = Grundwert · Prozentsatz $\quad W = G \cdot p\%$

Grundwert – $\frac{\text{Prozentwert}}{\text{Prozentsatz}}$ $\quad G = \frac{W}{p\%}$

Achtung Beim Rechnen mit „p %“ in Kommazahl umwandeln:
12 · 75 % = 12 · 0,75.

1 Bruch-, Dezimal-, Prozentschreibweise: Gib die beiden fehlenden Schreibweisen an. Rechne im Kopf, kürze wenn möglich.

a) 99 % b) $\frac{23}{100}$ c) 20 % d) 0,05

e) $\frac{3}{50}$ f) 0,5 % g) $\frac{27}{30}$

2 **Gib folgende Brüche in Prozentschreibweise an und lerne sie auswendig.**

$\frac{1}{2}$; $\frac{1}{3}$; $\frac{1}{4}$; $\frac{1}{5}$; $\frac{1}{8}$; $\frac{1}{10}$; $\frac{1}{1}$; $\frac{2}{1}$; $\frac{1}{20}$; $\frac{1}{30}$; $\frac{1}{40}$; $\frac{1}{50}$; $\frac{1}{100}$; $\frac{1}{25}$

3 **Gib den Anteil schwarzer Flächen gegenüber der Gesamtfläche der Figur in Bruch- und Prozentschreibweise an.**

a) 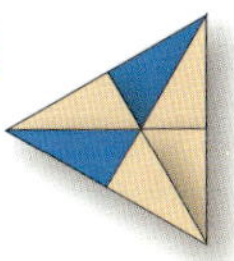

b) 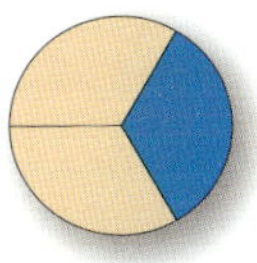

c) 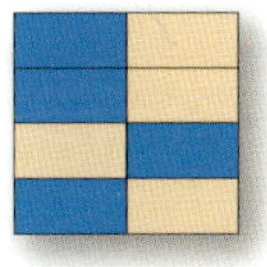

d) 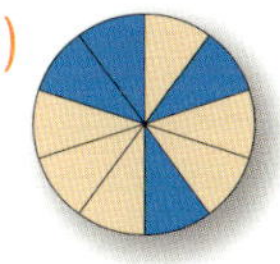

e) 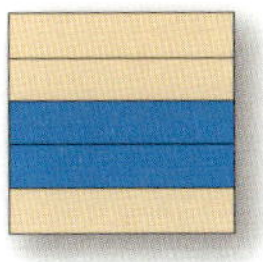

f) 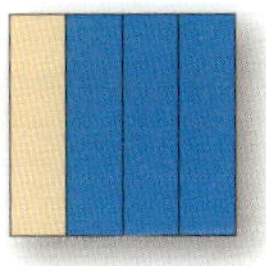

g) 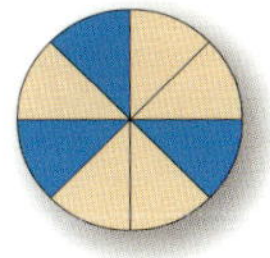

4 **Berechne den Prozentsatz.**

a) W = 30 €; G = 40 €
b) W = 8 kg ; G = 20 kg
c) W = 30 m ; G = 0,3 km
d) W = 45 s; G = 2 h
e) W = 1,5 Teile; G = 2,5 Teile
f) W = G
g) 6 € von 30 €
h) 4 g von 20 g
i) 15 von 90
j) 0,5 von 100

5 **Berechne den Prozentwert.**

a) 12 % von 84 kg
b) 9 % von 630 €
c) 2,5 % von 625 m^2
d) 16 % von 496 km
e) G = 200 €, p % = 5 %
f) 16 % von 8 kg
g) 48 % von 450 ha

6 **Berechne den Grundwert.**

a) W = 55 m; p % = 40 %
b) W = 410,40 €; p % = 76 %
c) W = 1 000; p % = 32 %
d) 60 % des alten Preises sind 63 €
e) Der Anteil von 50 € am Gewinn sind 5 %.
f) 25 %, das sind 180 m^2 eines Grundstücks, sind bebaut.

7 Herr Müller zahlt 896 € an Steuern und anderen Abgaben, das sind 32 % seines Lohns. Herr Schmidt bekommt nach Abzug der Steuern und Abgaben 1.560 € seines Bruttolohns von 2.400 € ausgezahlt.

a) Wie viel verdient Herr Müller?

b) Wer zahlt anteilig mehr Steuern?

4.3 Prozentuale Erhöhung oder Verminderung

Was du schon können musst:

1. Prozentsatz berechnen bedeutet Anteil berechnen; Prozentwert berechnen bedeutet Bruchteil berechnen; Grundwert berechnen bedeutet das Ganze berechnen.
2. Grundaufgaben der Prozentrechnung beherrschen: $p\% = \frac{W}{G}$; $W = G \cdot p\%$; $G = \frac{W}{p\%}$.
3. Textaufgaben verstehen und in mathematische Rechenschritte „übersetzen“.

Darum geht es

In diesem Kapitel geht es vor allem um prozentuale Erhöhung oder Verminderung des Grundwertes. Das heißt, dass neben den obigen Formeln noch weitere Rechenschritte zur Anwendung kommen.

Prozentuale Erhöhung des Grundwertes

Beispiel: Frau Schneider kauft einen Fahrradgepäckträger für 413 €. **Hinzu** kommen aber noch 19 % Mehrwertsteuer. Wie viel zahlt sie?
Lösung: 1. Schritt: Prozentwert ermitteln: $W = 413\,€ \cdot 0{,}19 = 78{,}47\,€$
2. Schritt: Grundwert **erhöhen:** $G + W = 413\,€ + 78{,}47\,€ = 491{,}47\,€$
Antwort: Frau Schneider zahlt für den Fahrradgepäckträger 491,47 €.

Prozentuale Verminderung des Grundwertes

Beispiel: Herr Kellers Wunschauto kostet laut Liste 27.500 €. Da es sich um einen Vorführwagen handelt, bekommt er ihn für 23.375 €. Wie viel Prozent wurden ihm laut Listenpreis **erlassen?**

Lösung:

1. Möglichkeit: Prozentwert ermitteln, dann Prozentsatz berechnen

Prozentwert: W = 27.500 € - 23.375 € = 4.125 €

Prozentsatz: 4.125 € : 27.500 € = 0,15 = 15 %

2. Möglichkeit: Prozentsatz des verminderten Grundwerts ermitteln und diesen von 100 % subtrahieren.

Prozentsatz des verminderten Grundwertes:

23.375 € : 27.500 € = 0,85 = 85 %

Prozentsatz des Nachlasses: 100 % - 85 % = 15 %

Antwort: Herrn Keller wurden 15 % vom ursprünglichen Preis erlassen.

Achtung

Texte genau lesen und erkennen, worauf sich der Prozentwert bezieht.

1 **Bestimme den Prozentsatz, um den ein jeweiliges Produkt teurer oder billiger wurde im Vergleich zum ursprünglichen Preis. Runde evtl. auf 2 Dezimale.**

a) Vorher 1,09 €, jetzt 0,98 €

b) Vorher: 149,00 €, jetzt 159,00 €

c) Vorher 1,21 €, jetzt 0,99 €

d) Vorher: 0,79 €, jetzt 0,99 €

2 **Peters Lieblingsturnschuhe stehen im Laden für 89,00 €. Als er am nächsten Tag die Schuhe kaufen will, ist der Preis im 10 % erhöht worden, also wartet er ab. Nach zwei Wochen ist der neue Preis wieder durchgestrichen, mit dem Vermerk – 10%. „Da zahle ich ja doch wieder den alten Preis“, denkt sich Peter.**
Hat er recht? Wie viel muss er jetzt für die Schuhe zahlen?

3 **Ein Paar Inline-Skates kosten 185 €. 14 Tage vor dem Sommerschlussverkauf werden die Inliner 20 % billiger angeboten. Als dann im Schlussverkauf der neue Preis nochmals um 25 % gesenkt wurde, kauft Jens die Inline-Skates.**

a) Wie viel bezahlt er?
b) Wie viel Prozent hat er gegenüber dem ursprünglichen Preis von 185 € gespart?

4 **Der Preis (70 €) einer Schultasche steigt gegen Ende der Ferien um 15 % an, am Anfang des Schuljahres wird der Preis wieder auf 70 € herabgesetzt.**

a) Wie viel kostet die Schultasche am Ende der Ferien.
b) Um wie viel Prozent muss der erhöhte Preis später wieder gesenkt werden?

5 **Ein Sweatshirt wurde im Preis um 40 % gesenkt und kostet nur noch 21 €.Wie viel hat es vor der Reduzierung gekostet?**

6 **Die Mitgliederzahl eines Vereins ist um 16,8 % angestiegen und beträgt nun 125. Wie viele neue Mitglieder sind dazugekommen?**

7 **Rabatt ist ein Preisnachlass, der Kunden unter gewissen Bedingungen gegeben wird. Skonto ist ein Preisnachlass, der häufig bei sofortiger Barzahlung gewährt wird. Berechne, was der Kunde jeweils zahlen muss.**

a) Auf einer Rechnung über 155,20 € steht:
Bei Zahlung innerhalb von 10 Tagen 3 % Skonto.
b) Andreas erhält auf sein neues Fahrrad 20 % Rabatt und zusätzlich noch 3 % Skonto. Er bezahlt 294,88 €. Wie viel hat es ursprünglich gekostet?

4.4 Darstellung von Prozenten in Diagrammen

Was du schon können musst:

1. Grundaufgaben der Prozentrechnung beherrschen:
   $p\% = \frac{W}{G}$; $W = G \cdot p\%$; $G = \frac{W}{p\%}$.
2. Ein Kreis („Vollwinkel") hat 360° (Grad).
3. Eine Vorstellung von Kreis- und Säulen- bzw. Balkendiagrammen haben.

Darum geht es

Verschiedene Prozentangaben zu einem Grundwert kann man in einem Kreisdiagramm anschaulich machen. Dabei ist der Grundwert, also 100 %, der ganze Kreis von 360°.

Beispiel

Im nebenstehenden Diagramm ist der Notenspiegel einer gut ausgefallenen Klassenarbeit aus zwei Parallelklassen (insgesamt 60 Schüler) dargestellt.
Erstelle den Notenspiegel!

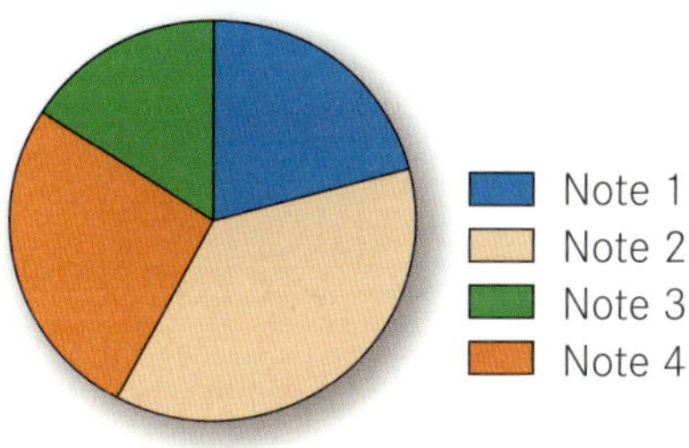

Lösung:

Wenn man, wie in diesem Fall keine weiteren Angaben hat, muss man wie folgt vorgehen, will man den genauen Notenspiegel erstellen.

1. Mittelpunktswinkel der Kreissektoren messen (Nachteil: Beim ungenauen Messen entstehen sehr leicht Fehler!)
2. Anteil der Kreissektoren am Vollkreis in Prozent angeben. Prozentwert ist der gemessene Winkel W, Grundwert ist der Vollwinkel 360°. Gerechnet wird: W : 360° und man erhält p %.

3. Jeweilige Prozentwerte zum Grundwert 60 Schüler ermitteln: Gerechnet wird jeweils 60 · p % und man erhält die Zahl der Schüler, die eine entsprechende Note geschrieben haben.

	Note 1	Note 2	Note 3	Note 4
1. Mittelpunkts-winkel messen	72°	126°	108°	54°
2. Prozentsatz Kreissektor	$\frac{72°}{360°} = 0{,}2 = 20\,\%$	$\frac{126°}{360°} = 0{,}35 = 35\,\%$	$\frac{108°}{360°} = 0{,}30 = 30\,\%$	$\frac{54°}{360°} = 0{,}15 = 15\,\%$
3. Prozentwert Schülerzahl	60 · 20 % = 12	60 · 35 % = 21	60 · 25 % = 18	60 · 15 % = 9

Antwort: Der Notenspiegel lautet:

Note	1	2	3	4	5	6
Schüler	12	21	18	9	0	0

1 Die Kreisdiagramme stellen die Ergebnisse verschiedener Wahlausgänge dar.

I) Klassensprecherwahl der Klasse 6c

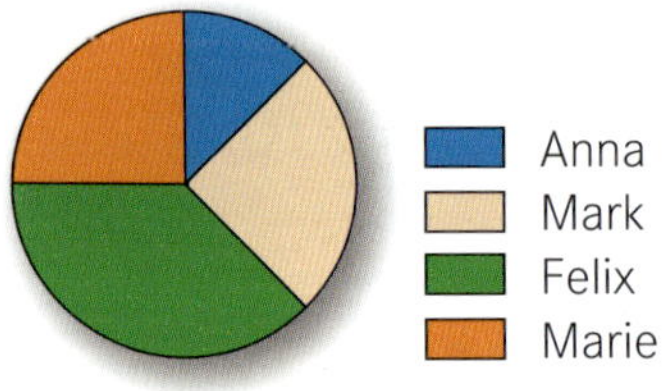

II) Ortsbeiratswahl in Mittelort

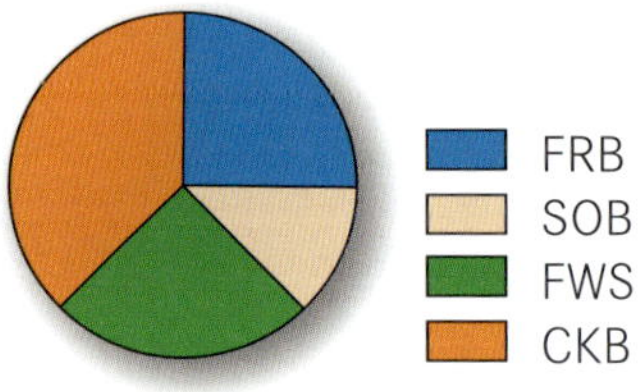

a) Gib eine kurze Beurteilung zur Gleichheit der beiden Diagramme an. (Mittelpunktswinkel der Kreisausschnitte: Anna 45°, Mark 90°, Felix 135°, Marie 90°)

b) Berechne den jeweiligen Stimmenanteil in Prozent (für I und II).

c) Bei der Klassensprecherwahl wurden 32 gültige Stimmen abgeben, wie viele Stimmen entfallen auf jeden einzelnen Kandidaten?

d) Die FRB hat 1 035 Stimmen mehr als die SOB. Wie viele Stimmen wurden insgesamt abgegeben. Wie viele Stimmen entfielen auf die einzelnen Gruppierungen?

2 Bei der Bürgermeisterwahl (Klein, Schneider, Schulz) in Oberschlaudorf stellt sich das Verhältnis der Stimmen im Kreisdiagramm wie folgt dar:

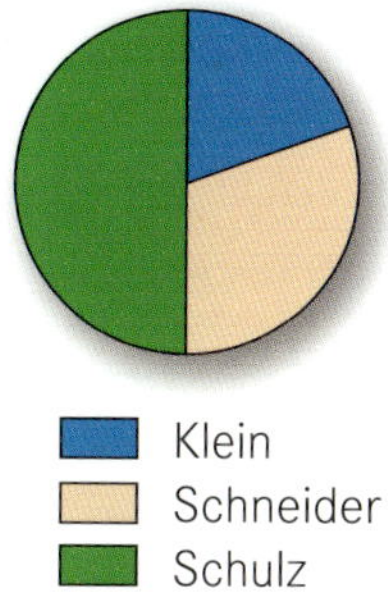

a) Gib den Prozentsatz an, den jeder der 3 Kandidaten von der Gesamtzahl der abgegebenen gültigen Stimmen erzielt hat.
b) Schneider hat 66 Stimmen mehr als Klein. Wie viele gültige Stimmen wurden abgegeben?
c) Wie viele Stimmen haben die drei Kandidaten jeweils erhalten?

3 Zeichne ein Kreisdiagramm:
Eine Klassenfahrt soll 90 € kosten. Der Preis teilt sich auf in: 54 € Übernachtung, 22,50 € Busfahrt sowie 13,50 € für Eintrittsgelder.

Info

Bei einem Streifendiagramm entsprechen die Prozentsätze den Anteilen an der Streifenlänge. Ein Beispiel siehst du hier:

4 Max hat die durchschnittliche Dauer seiner Aktivitäten von Montag bis Freitag notiert hat und dann in Prozentsätzen angegeben: Schlafen 37,5 %, Schule inklusive Schulweg 35 %, Zeit für Mahlzeiten 2,8 %, Sport 3,125 %, die restliche Zeit verbringt er vor dem Computer.

a) Erstelle ein Streifendiagramm.
b) Wie viel Zeit bringt er mit den einzelnen Aktivitäten zu?

Test Kapitel 4

1 Bestimme die fehlenden Größen.

a) Der gesuchte Prozentwert ist 12 % von 375 m. |3|

b) 0,7 % vom gesuchten Grundwert ergibt 14 kg. |3|

c) Wie viel Prozent sind 35 € von 62,50 €. |4|

2 Ein Lottogewinn wird unter drei Spielern wie folgt aufgeteilt: Herr Schönbeck erhält 2.700 €, Frau Klein 210 € und Herr Bremer 1.200 €.

a) Wie viel Prozent des Gewinns bekommt jeder? |5|

b) Zeichne für die Gewinnaufteilung ein Kreisdiagramm, bestimme dazu die Winkelmaße. |6|

3 Die Miete einer Wohnung wurde um 8 % erhöht, das waren 92 €. Wie hoch war die Miete nach der Erhöhung? |5|

4 Christian gibt 35 % seines monatlichen Taschengeldes aus für Süßigkeiten, Kino und CDs, 20 % spart er für Geschenke, nämlich 11,20 €. Den Rest spart er für ein Fahrrad.

a) Wie viel Taschengeld erhält Christian? |6|

b) Wie viel spart er für das Fahrrad? |2|

5 Im vergangenen Jahr kostete eine Eintrittskarte für das Hallenbad 1,80 €. In diesem Jahr sind die Preise um 25 % gestiegen. Kauft man eine Zehnerkarte, ermäßigt sich der diesjährige Preis um 16 %. Wie viel kostet in diesem Jahr eine Zehnerkarte? |8|

6 Der Unterschied zwischen $3\frac{1}{3}$ % und 3,3 % beträgt 1,50 €. Wie viel € beträgt der Grundwert? |8|

|50|

Wie viele Punkte hast du? Erreichst du mehr als 39 Punkte, beherrschst du den Inhalt des Kapitels wirklich gut. Erreichst du weniger als 20 Punkte, dann solltest du dieses Kapitel wiederholen.

5.0 Symmetrien und Abbildungen – Vorbemerkung

Was du schon können musst:

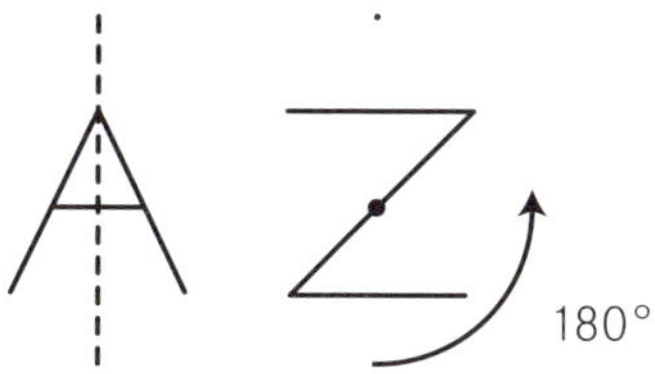

In Klasse 5 hast du schon achsen- und evtl. auch punktsymmetrische Figuren untersucht.
Dabei hast du zum Beispiel festgestellt, dass der Buchstabe „A“ eine achsensymmetrische Figur ist, denn wenn du an der gestrichelten Linie faltest, liegen die linke und die rechte Hälfte aufeinander. Der Buchstabe „Z“ ist eine punktsymmetrische Figur, denn durch eine halbe Drehung (um 180°) um das Drehzentrum, bringst du die Figur wieder „zur Deckung“.
In Klasse 6 lernst du, wie man eine Figur so abbildet, dass eine dazu symmetrische Figur entsteht. In diesem Kapitel beschränken wir uns dabei auf achsensymmetrische, punktsymmetrische und drehsymmetrische Abbildungen.

Abbildungen kennst du aus dem Alltag

- ▷ Beim Schauen in den Spiegel siehst du ein Bild von dir.
- ▷ Beim Fotografieren mit der Digitalkamera siehst du das Bild der zu fotografierenden Landschaft auf dem Display.
- ▷ Auf der Wanderkarte sind Wege und Höhenlinien aus dem Gelände aufgezeichnet.

Diese beschriebenen Abbildungen sind alles Abbildungen räumlicher (dreidimensionaler) Objekte in eine Ebene (zweidimensional).
Wir beschäftigen uns in diesem Kapitel nur mit der Abbildung von Figuren innerhalb einer Ebene, wie du es zum Beispiel vom Falten her kennst:

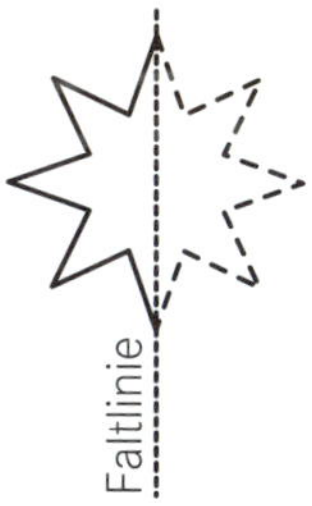

Regel

Faltet man an der Spiegelachse, so liegen ursprüngliche Figur und Bildfigur aufeinander. Entsprechende Eckpunkte der Bildfigur kennzeichnet man mit einem Strich (').

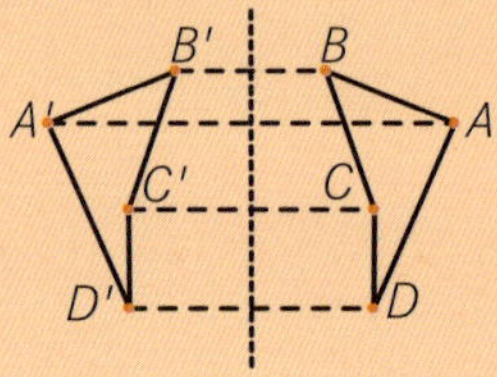

5.1 Achsenspiegelung und Achsensymmetrie

Was du schon können musst:

1. Achsensymmetrie erkennen.
2. Mit dem Geodreieck umgehen, insbesondere: Orthogonalen mit dem Geodreieck konstruieren.
3. Mit einem Zirkel umgehen.
4. Punkte in ein Koordinatensystem zeichnen.

Darum geht es

Eine geometrische Figur der Ebene soll an einer Geraden (Spiegelachse) symmetrisch abgebildet werden. Man geht dabei so vor, dass man die Eckpunkte der Figur abbildet und anschließend diese abgebildeten Eckpunkte in derselben Reihenfolge der Benennung wie in der ursprünglichen Figur verbindet.

Beispiel: Achsenspiegelung

Als **Beispiel** wählen wir ein Dreieck ABC, das an einer Geraden g gespiegelt werden soll.

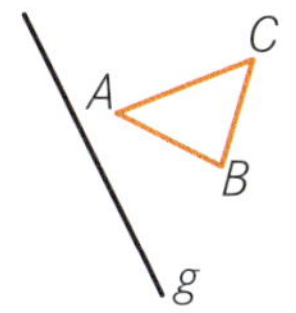

Im **1. Schritt** konstruieren wir mit dem Geodreieck die Orthogonalen zu g durch die Punkte A, B und C.

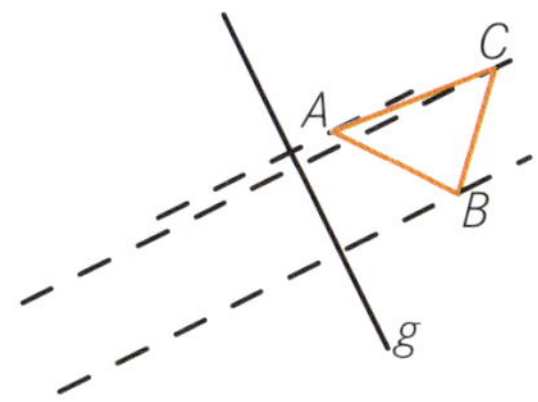

Kommentar:
Im nächsten Schritt müssen die Punkte A, B, C so überführt werden, dass sie den gleichen Abstand zu g haben. Dazu geht man wie folgt vor:

Im **2. Schritt** stechen wir die Zirkelspitze in S_1 ein, stellen den Abstand zu A ein und übertragen den Abstand auf die andere Seite der Spiegelachse. Wir erhalten A'. Gleiches erfolgt mit den Punkten $B \to B'$, $C \to C'$.

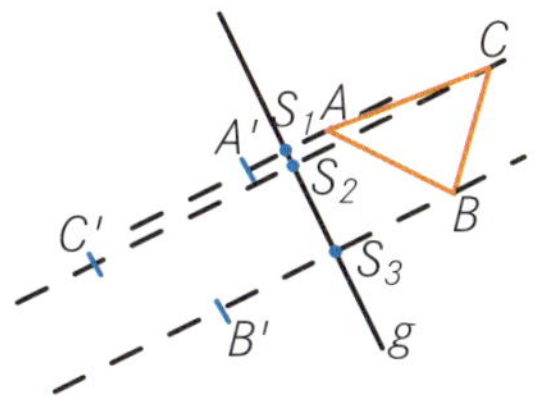

Im **3. Schritt** verbinden wir die Bildpunkte in der Reihenfolge $A'B'C'$. **Hinweis:** Das Bild ist achsensymmetrisch zur Ausgangsfigur, aber die Orientierung der Punkte ist umgekehrt.

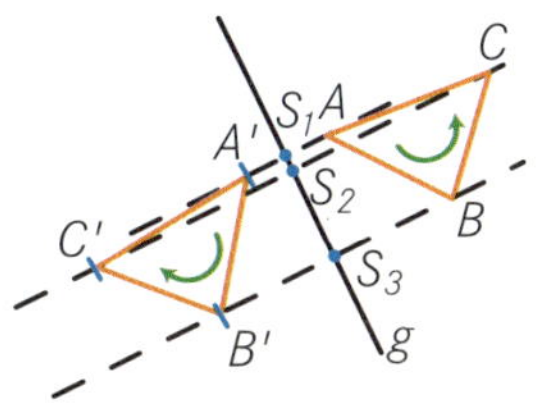

1 **Bei einem Gitternetz kannst du oft abzählen, das erspart die Konstruktion von Senkrechten zur Spiegelachse.**

Beachte

Außerdem beachte Folgendes: Liegt ein Punkt der Figur auf der Achse, so sind Punkt und Bildpunkt identisch (Fixpunkt).

Übertrage die Figuren auf ein Blatt und ergänze sie zu einer achsensymmetrischen Figur durch Abzählen der Kästchen.

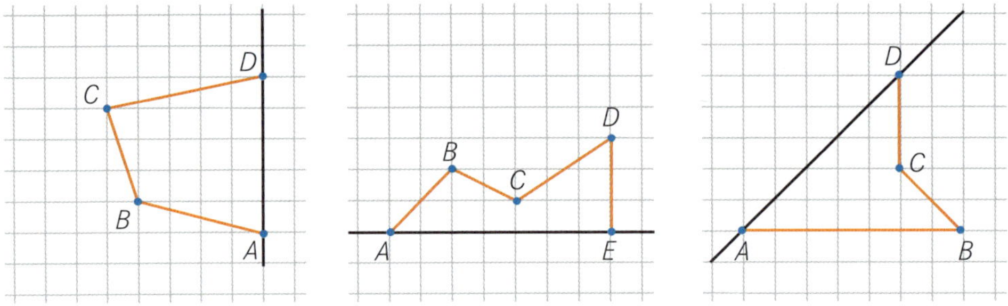

2 Verfahre wie in Übung 1.

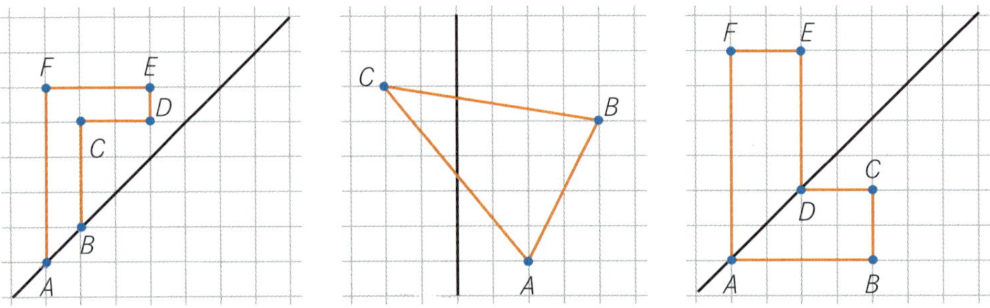

3 Bei einer Hintereinanderausführung mehrerer Abbildungen wird z. B. A' in A'' überführt: $A \to A' \to A''$.
Die folgenden Figuren sollen erst an der Geraden g und dann an der Geraden h gespiegelt werden.

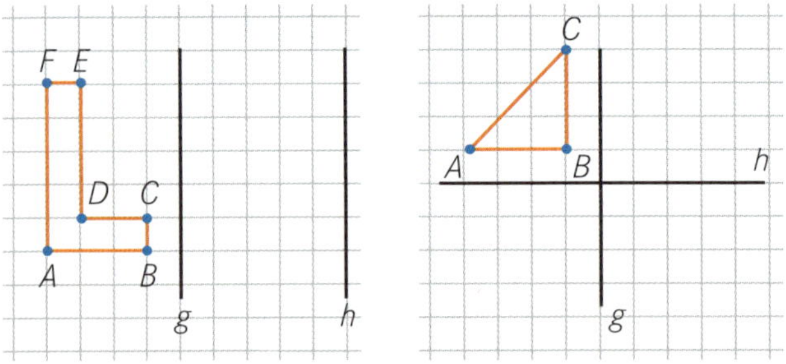

4 Zeichne die Figur *ABCD* in ein geeignetes Koordinatensystem und spiegle die Figur (ohne Abzählen) an der Geraden durch *P* und *Q*. Dabei haben die Punkte folgende Koordinaten:
$A(1|1)$, $B(2|2)$, $C(1|4)$, $D(0|2)$, $P(3|2)$, $Q(-1|-2)$
Notiere die Koordinaten der Bildpunkte.

5.2 Punktspiegelung und Punktsymmetrie

Was du schon können musst:

1. Punktsymmetrie erkennen, Punktsymmetrie als Drehung um 180° verstehen.
2. Mit dem Geodreieck umgehen.
3. Mit einem Zirkel umgehen.

Darum geht es

Eine geometrische Figur der Ebene soll an einem Punkt (Drehpunkt oder Spieglungspunkt) gespiegelt werden. Wieder geht man dabei so vor, dass man die Eckpunkte der Figur abbildet und anschließend diese Eckpunkte der abgebildeten Figur in derselben Reihenfolge der Benennung wie in der ursprünglichen Figur verbindet.

Beispiel: Punktspiegelung

Als **Beispiel** wählen wir ein Dreieck *ABC*, das an einem Punkt *Z* gespiegelt werden soll.

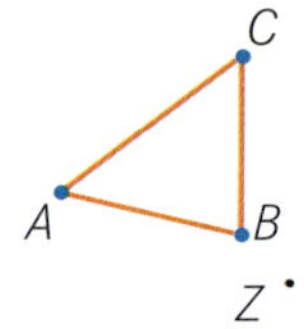

Im **1. Schritt** konstruieren wir Geraden, die jeweils durch *Z* und durch einen der Punkte *A*, *B* und *C* gehen

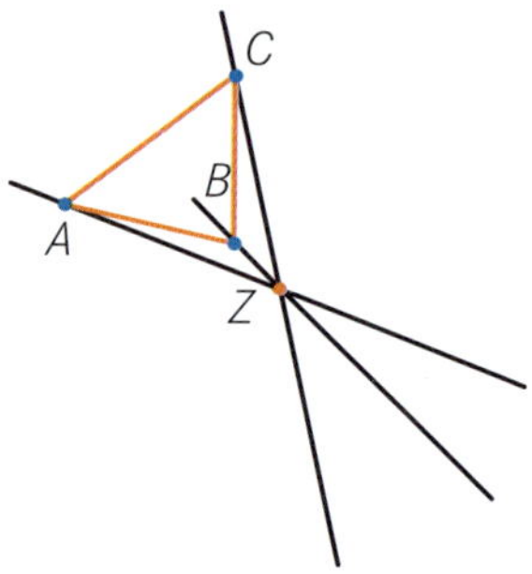

Kommentar:
Im nächsten Schritt müssen die Punkte *A*, *B*, *C* so überführt werden, dass die Bildpunkte den gleichen Abstand zu *Z* haben wie die ursprünglichen Punkte. Dazu geht man wie folgt vor:

Im **2. Schritt** stechen wir die Zirkelspitze in *Z* ein, stellen den Abstand zu *A* ein und übertragen den Abstand auf die andere Seite der Geraden durch *AZ*. Wir erhalten *A*'. Gleiches erfolgt mit den Punkten *B* → *B*', *C* → *C*'.

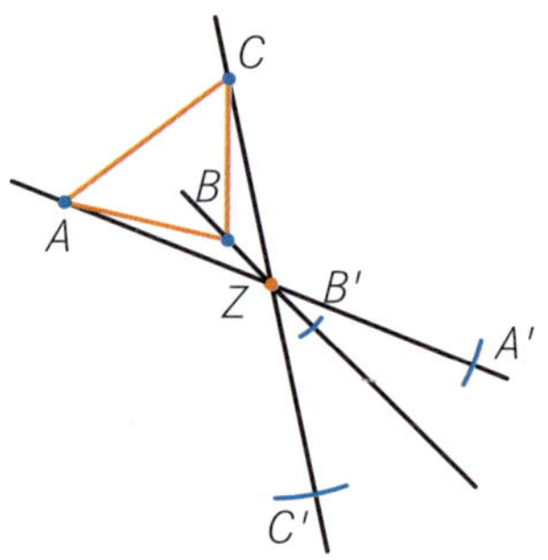

Im **3. Schritt** verbinden wir die Bildpunkte in der Reihenfolge *A'B'C'*.

Hinweis:
Das Bild ist punktsymmetrisch zur Ausgangsfigur. Die Orientierung von Punkten und Bildpunkten ist gleich.

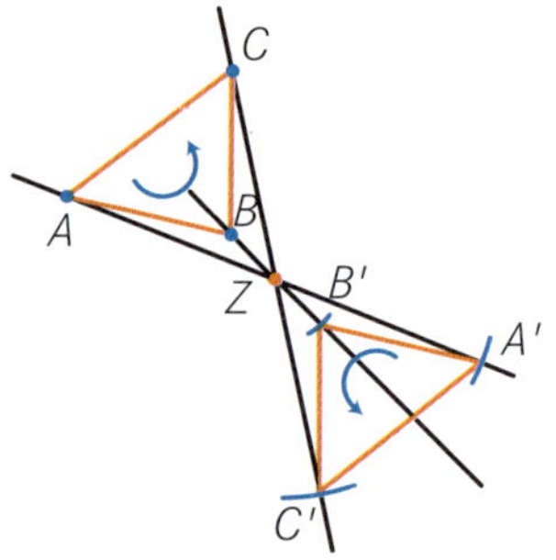

1 **Übertrage die Figuren auf ein Blatt und spiegle sie am Punkt *Z*. Ermittle die Bildpunkte durch Abzählen oder mithilfe des Zirkels oder Geodreiecks.**

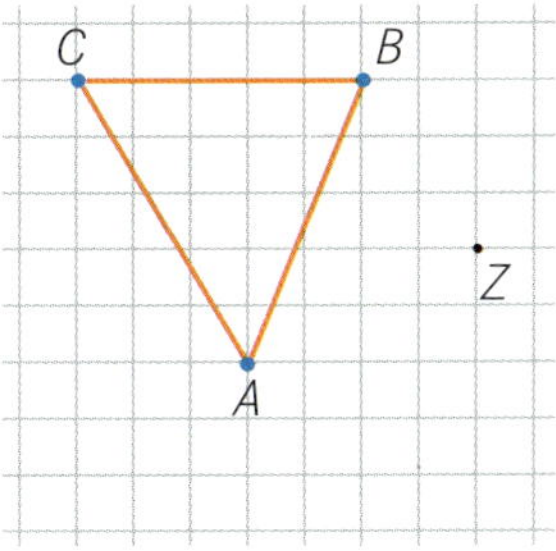

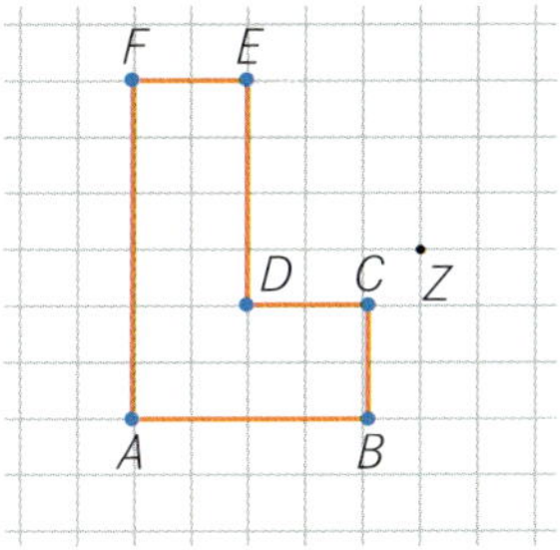

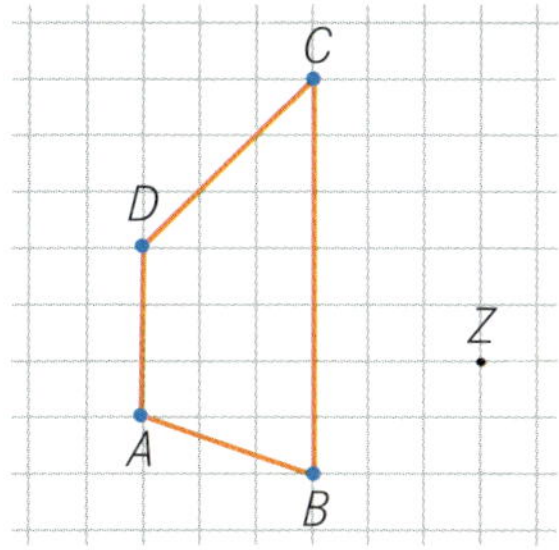

2 **Verfahre wie in Übung 1.**
Beachte, der Drehpunkt liegt zum Teil in der Figur.

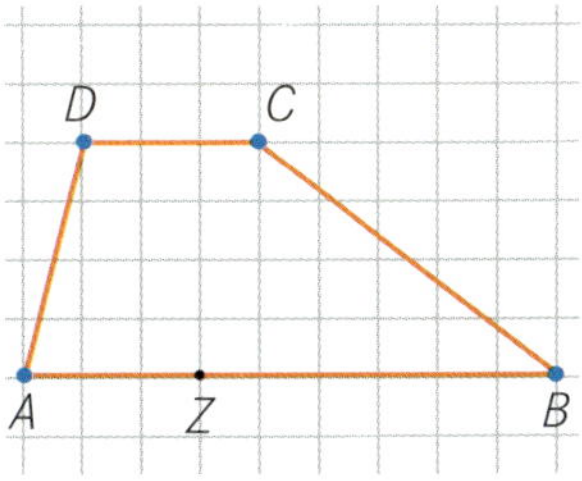

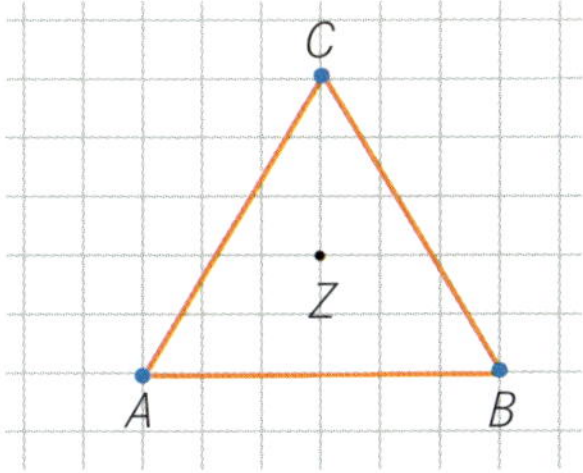

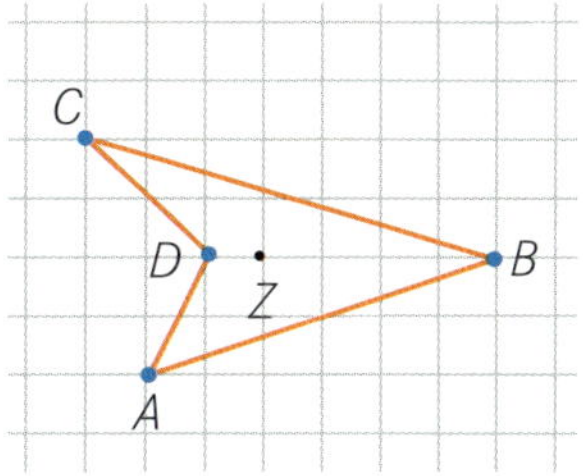

3 **Das Dreieck *ABC* wird durch eine Punktspiegelung auf das Dreieck *A'B'C'* abgebildet. Bestimme den Drehpunkt *Z*, an dem diese Spiegelung durchgeführt wird.**
Hinweis: Die Gerade durch *A* und Z verläuft auch durch *A*'.

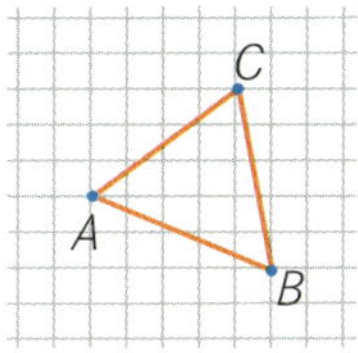

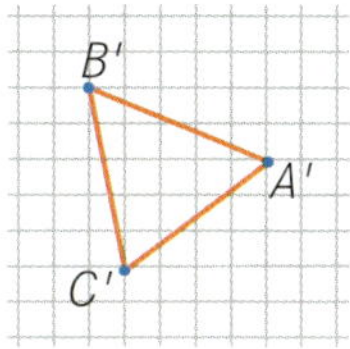

4 Führe folgende Abbildungen durch:

a) Punktspiegelung an Z.
b) Zweimal Achsenspiegelung, erst an g, dann an h.
c) Vergleiche die Bildfiguren und erläutere.

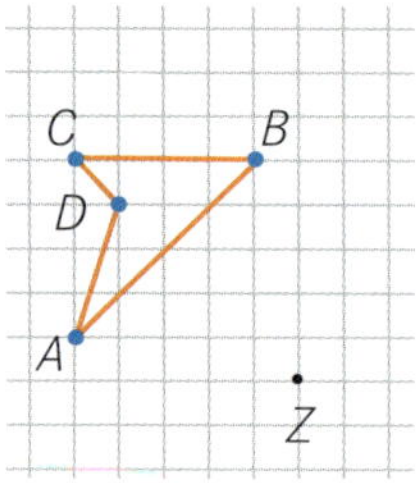

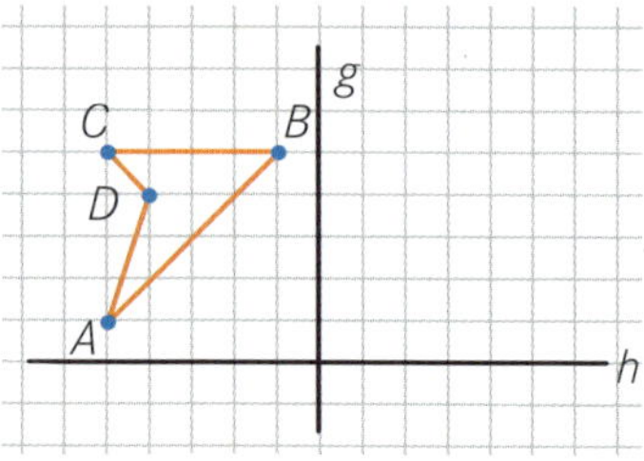

5.3 Drehung und Drehsymmetrie

Was du schon können musst:

1. Drehsymmetrie erkennen, Punktsymmetrie als Drehung um 180° verstehen.
2. Winkel mit dem Geodreieck abtragen.
3. Mit einem Zirkel umgehen.
4. Punkte in ein Koordinatensystem zeichnen.

Darum geht es

Eine geometrische Figur der Ebene soll um einem Punkt mit einem festgelegten Winkel gedreht werden. Wie in den beiden Kapiteln zuvor werden die Eckpunkte der Figur abbildet und anschließend diese Bildeckpunkte in derselben Reihenfolge der Benennung wie in der ursprünglichen Figur verbunden (Um die folgende Anleitung besser zu verstehen, kannst du die Figuren auf Transparentpapier oder Folie zeichnen und dadurch die Schritte besser nachvollziehen.).

Beispiel: Drehung

Wir wählen ein Dreieck *ABC*, das um einen Punkt *Z* mit dem Drehwinkel 60° (Drehbetrag) nach links gedreht werden soll.

Im **1. Schritt** konstruieren wir Geraden, die jeweils durch *Z* und durch einen der Punkte *A*, *B* und *C* gehen.

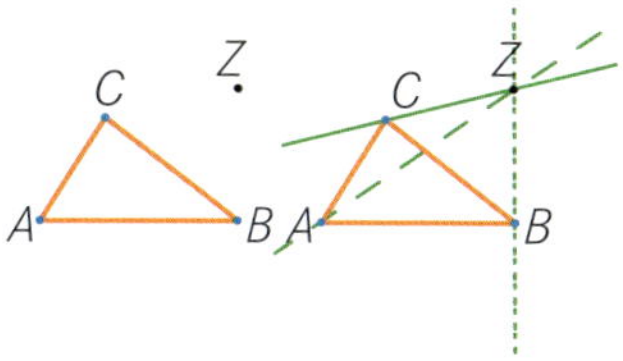

Im **2. Schritt** bilden wir 60°-Winkel zu jeder der Geraden, indem wir gegen den Uhrzeigersinn drehen (Linksdrehung), siehe Skizze rechts.

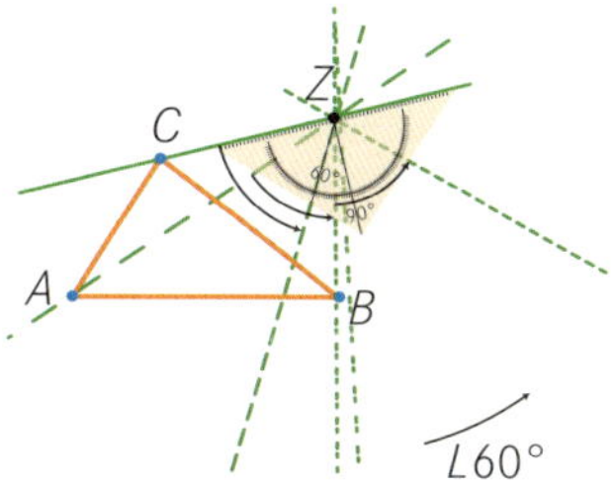

Im **3. Schritt** stechen wir die Zirkelspitze in *Z* ein, stellen den Abstand zu *A* ein und übertragen den Abstand auf die um 60° gedrehte Gerade durch *AZ*. Wir erhalten *A'*. Gleiches erfolgt mit den Punkten *B* → *B'*, *C* → *C'*.

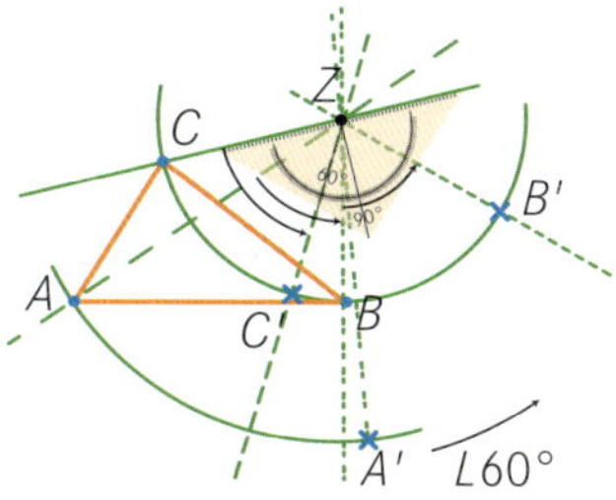

Im **4. Schritt** verbinden wir die Bildpunkte in der Reihenfolge *A'B'C'*.
Hinweis: Das Bild ist drehsymmetrisch zur Ausgangsfigur. Die Orientierung von Punkten und Bildpunkten ist gleich.

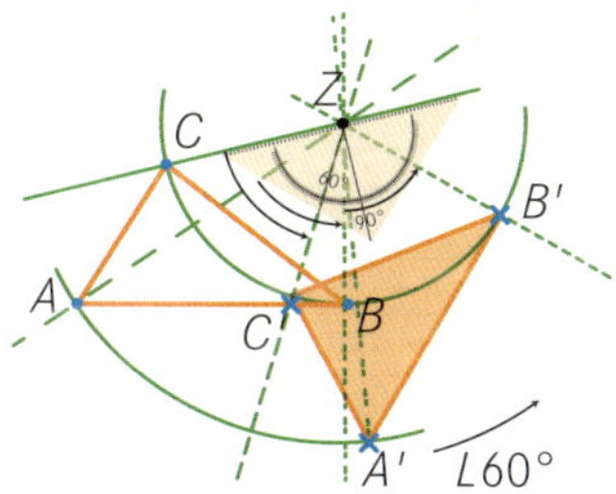

Eine spezielle Drehung ist die Drehung um 180°; und diese entspricht einer Punktspiegelung.

1 **Man unterscheidet häufig zwischen Linksdrehung und Rechtsdrehung. Dabei meint „Linksdrehung" eine Drehung „gegen den Uhrzeigersinn", eine Rechtsdrehung ist eine Drehung „im Uhrzeigersinn". Für eine Linksdrehung um 300° (L 300°) können wir auch eine Rechtsdrehung um 60° (R 60°, nämlich 360° – 300°) durchführen. Gib zur Rechtsdrehung die Linksdrehung und umgekehrt an.**

a) L 270° b) R 210° c) R 258°
d) L 304° e) L 64,8° f) R 90,25°

2 **Bestimme Drehsinn und Drehbetrag.**

a)
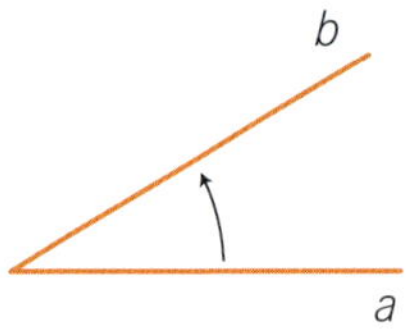

b)
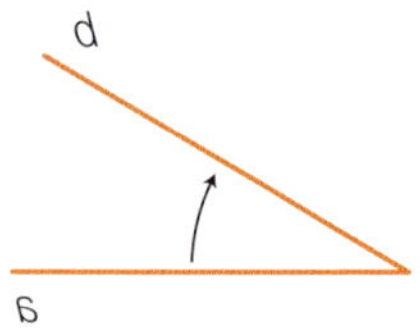

c)
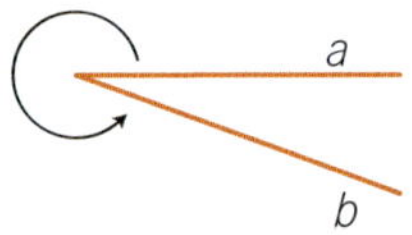

d)
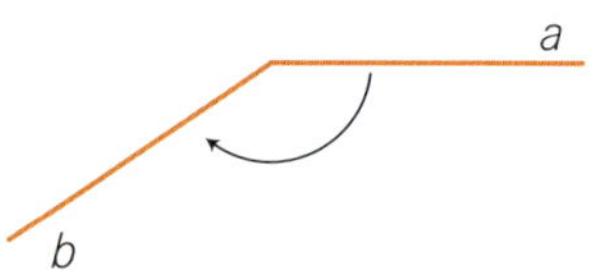

3 **Wie groß ist der kleinste Drehwinkel, um bei einer Drehung um *Z* eine Figur wieder auf sich selbst abzubilden?**

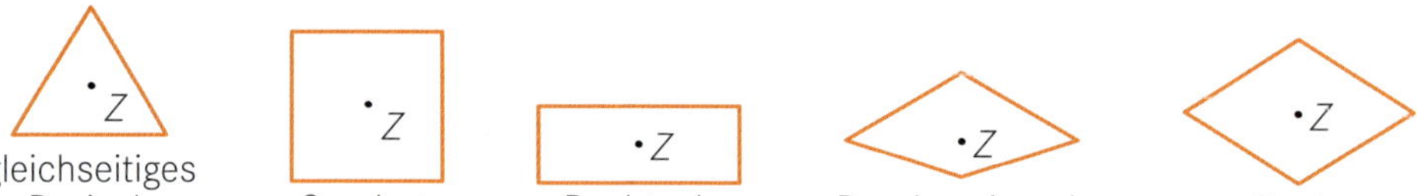

gleichseitiges Dreieck | Quadrat | Rechteck | Drachenviereck | Raute

4 **Drehe ein Dreieck im Koordinatensystem mit *A*(0 | 2), *B*(2 | 4) und *C*(4 | 1) um den Koordinatenursprung mit dem Drehwinkel L 70°.**
(Zeichne die *x*-Achse im Intervall [- 5; 5], die *y*-Achse im Intervall [0; 7].)

5 **Erzeuge aus den Vielecken drehsymmetrische Figuren.**

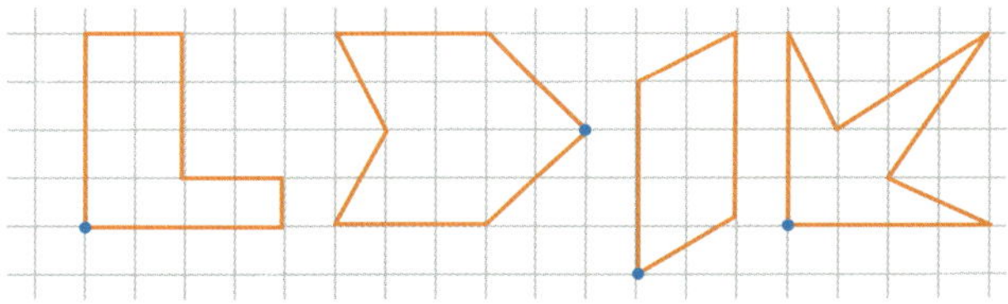

5.4 Kongruente Figuren

Was du schon können musst:

1. Achsen-, Punkt- und Drehspiegelung durchführen.
2. Mit Geodreieck und Zirkel umgehen.
3. Wissen, dass durch die in 1. genannten Abbildungen die Größe und die Form der Figur nicht verändert werden.

Darum geht es

Bei den Abbildungen, die in den drei vorherigen Kapiteln besprochen wurden, sind die Figuren und deren zugehörige Bildfiguren in Form und Größe immer gleich. Sie unterscheiden sich höchstens in ihrer Lage oder der Orientierung ihrer Eckpunkte (Winkelumlaufsinn).

Info

Wenn man Figuren durch eine Abbildung so übereinanderlegen kann, dass sie sich exakt überdecken, sind sie deckungsgleich oder **kongruent zueinander.** Außer der **Achsen- und Punktspiegelung sowie der Drehung** ist auch die **Verschiebung** (vgl. Klasse 5) eine Abbildung, die eine Figur in eine kongruente Figur abbildet. Man nennt diese Abbildungen **Kongruenzabbildungen.**

Merke

Zwei Figuren A und B heißen zueinander kongruent ($A \cong B$), wenn man sie mit einer oder mehreren Kongruenzabbildungen aufeinander abbilden kann.

Regel

Um zu vergleichen, ob zwei Figuren deckungsgleich sind, kannst du sie ausschneiden und übereinanderlegen. Da dies aber in den meisten Fällen nicht möglich ist, musst du bei Vielecken einander entsprechende Strecken und Winkel miteinander vergleichen.

Durch Messen stellt man fest:
Länge der Strecken: $a = e$, $b = f$, $c = d$
Größe der Winkel: $\alpha = \varepsilon$, $\beta = \varphi$, $\gamma = \delta$

Also sind die Figuren kongruent.

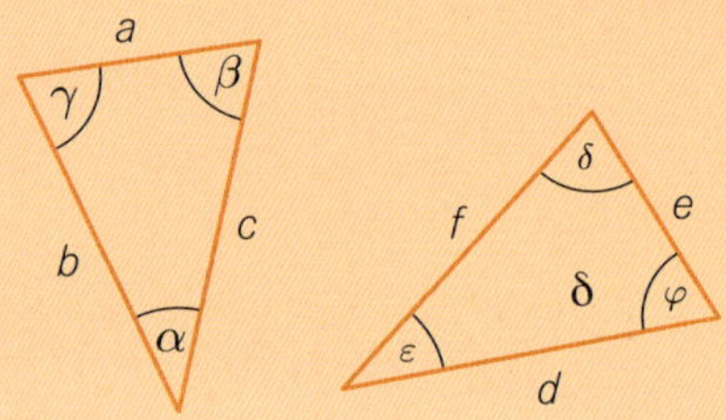

Später lernst du Sätze kennen, mit denen du die Kongruenz bei Dreiecken leichter feststellen kannst.

1 **Überprüfe durch Messen von Streckenlängen und Winkelgrößen, ob die durch Verschiebung abgebildeten Dreiecke kongruent zueinander sind.**

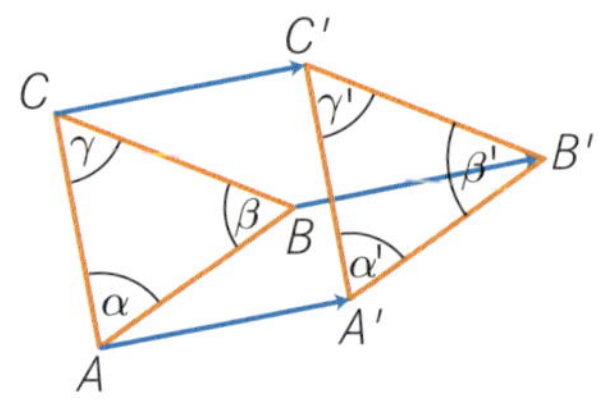

2 Welche der Figuren sind kongruent zueinander?
Überprüfe mithilfe von Transparentpapier durch Abzeichnen und Übereinanderlegen.

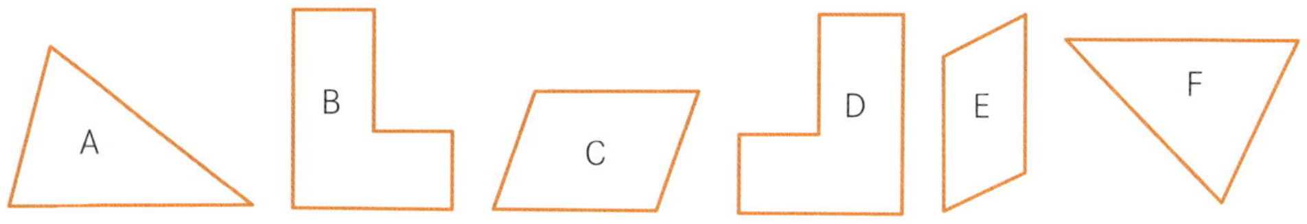

3 Welche Teilflächen sind kongruent zueinander?
Benenne sie mit gleichen Buchstaben.

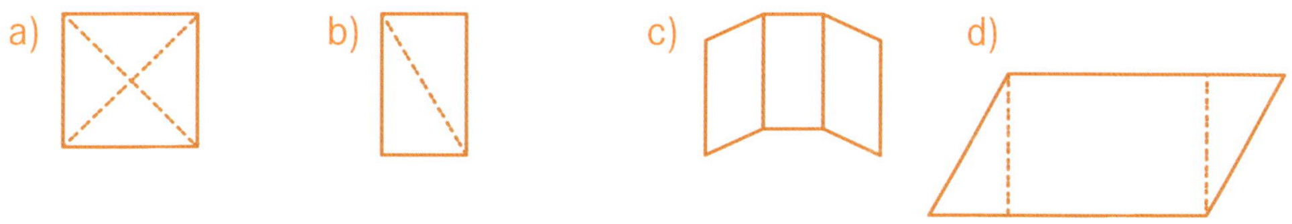

4 Überprüfe, ob es eine Kongruenzabbildung gibt, die die linke Figur auf die rechte Figur abbildet.
Gib dazu Drehpunkt, Spiegelachse oder Verschiebungspfeil an.

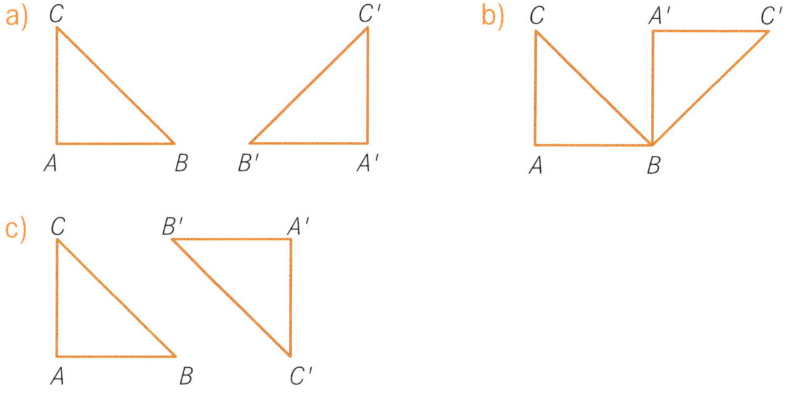

Test Kapitel 5

1 **Welche der folgenden Verkehrszeichen sind achsen-, punkt- oder drehsymmetrisch?** |9|

2 **Übertrage die Figuren und führe eine Punktspiegelung an *Z* durch.** |10|

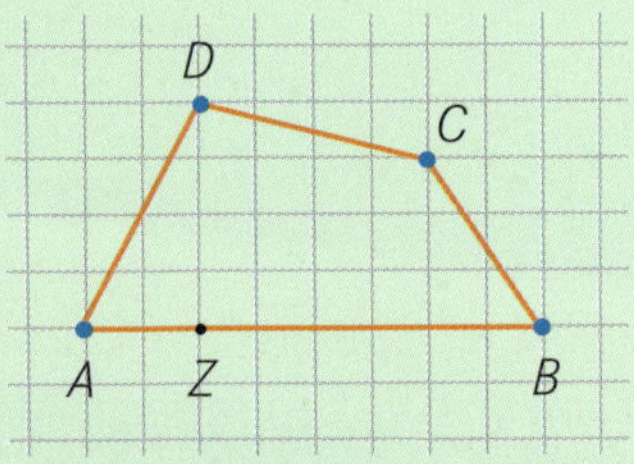

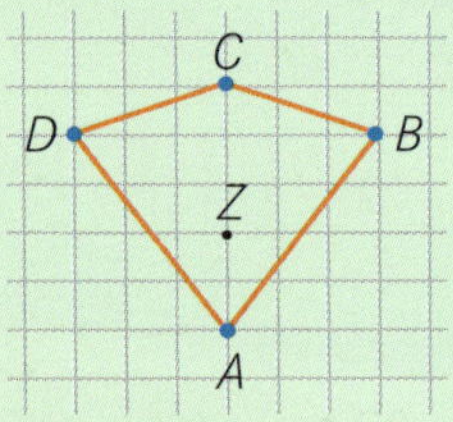

3 **Zeichne ein Koordinatensystem. Trage die Punkte *A* (3 | 3), *B* (5 | 2), *C* (6 | 3) und *D* (5 | 4) ein, verbinde sie in der angegebenen Reihenfolge. Führe dann folgende Drehungen durch: L 90°, R 180°, L 270°.** |10|

4 **Übertrage die Figur und führe eine Linksdrehung um 80° durch. Drehzentrum sei *A*.** |6|

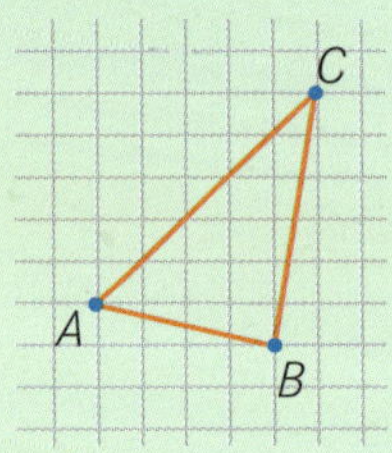

5 **Lege ein Koordinatensystem an (12 cm nach rechts, 12 cm nach oben).**

a) Zeichne das Dreieck mit den Punkten *A* (1 | 8), *B* (8 | 1) und *C* (10 | 6). |3|

b) Zeichne dann die Spiegelachse durch *R* (3 | 3) und *S* (8 | 8). |3|

c) Spiegle das Dreieck *ABC* an der Achse *RS* und gib die Koordinaten der Spiegelpunkte *A'*, *B'* und *C'* an. |4|

|45|

Wie viele Punkte hast du? Erreichst du mehr als 35 Punkte, beherrschst du den Inhalt des Kapitels wirklich gut. Erreichst du weniger als 18 Punkte, dann solltest du dieses Kapitel wiederholen.

6.0 Flächeninhalt ebener Figuren – Vorbemerkung

Was du schon können musst:

In Klasse 5 hast du gelernt, wie man den Flächeninhalt von Rechtecken bestimmt. In den folgenden Kapiteln geht es um den Flächeninhalt von Parallelogramm, Dreieck und Trapez. Die Formeln dafür lassen sich auf die Formel zur Berechnung von Rechtecken zurückführen, indem man die Figuren zerlegt.

Erinnerung Der Flächeninhalt eines Rechtecks ist gleich dem Produkt zweier benachbarter Seiten: $A = a \cdot b$.
Hier: $A = 3\,\text{cm} \cdot 2\,\text{cm} = 6\,\text{cm}^2$

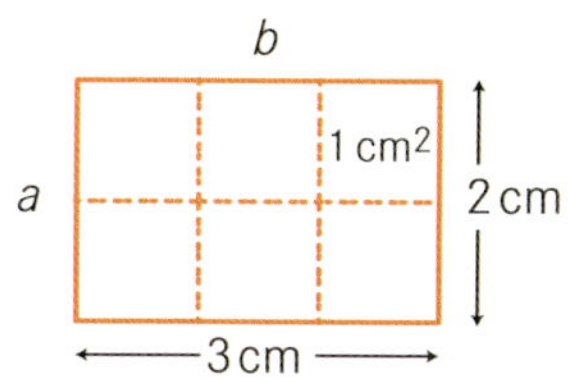

Ein weiterer Begriff, der in diesem Kapitel benötigt wird, ist der Begriff der Höhe. Die **Höhe** in einem Dreieck oder einem Viereck ist eine Strecke, die senkrecht auf einer Seite steht und durch einen gegenüberliegenden Punkt verläuft.

Beispiele:

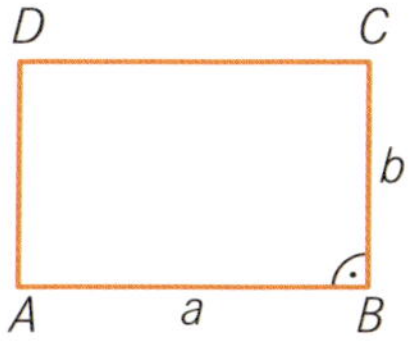

Rechteck:
Hier ist die Seite b auch gleichzeitig die Höhe auf a.

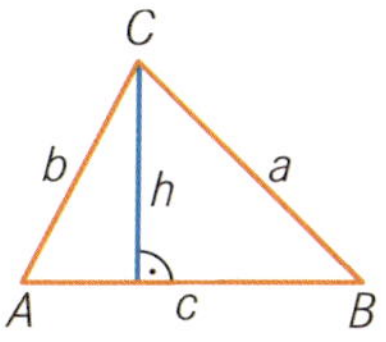

Dreieck:
In dieser Skizze ist die Höhe auf c gegeben.

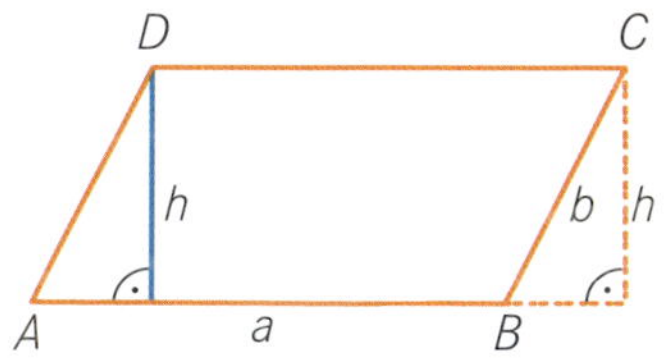

Parallelogramm:
Eingezeichnet ist die Höhe auf a, und zwar durch D und C.

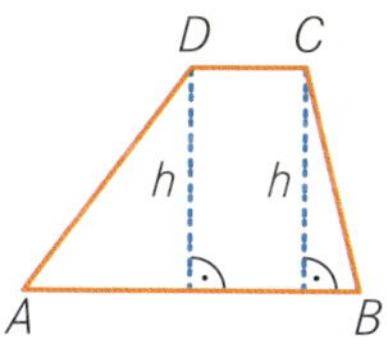

Trapez:
Hier ist die Höhe auf AB eingezeichnet.

Manchmal muss man die Grundseite „in Gedanken“ verlängern, um die Höhe zu ermitteln. Die Höhe wird dann bis zur senkrechten Verlängerung gemessen, die Grundseite wird in ihrer ursprünglichen Länge gemessen (vgl. Skizze Parallelogramm).

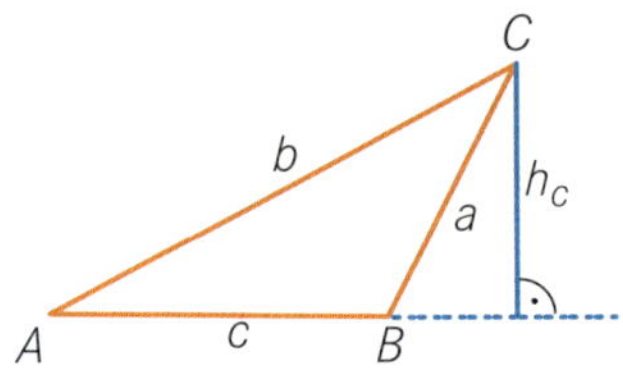

Im Beispiel rechts sind alle möglichen Höhen, nämlich h_a, h_b und h_c in einem Dreieck gezeichnet.

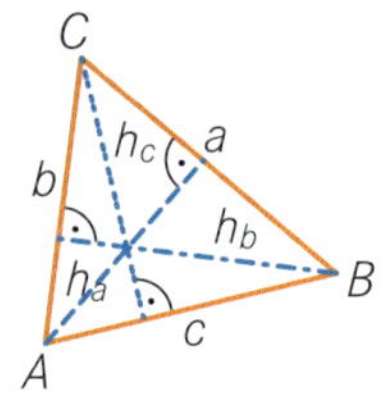

6.1 Flächeninhalt beim Parallelogramm

Was du schon können musst:

1. Den Flächeninhalt von Rechtecken bestimmen.
2. Längen- und Flächenmaßeinheiten kennen und umwandeln.
3. Wissen, dass beim Rechnen mit Einheiten in einer Rechnung nur eine Art von Einheit vorkommen darf, evtl. muss man also umformen.
4. Seitenparallele Vielecke in Rechtecke zerlegen.
5. Wissen: Bei einem Parallelogramm sind jeweils zwei gegenüberliegende Seiten parallel und gleich lang.

Darum geht es

Bestimmt werden soll nun der Flächeninhalt eines Parallelogramms. Dazu zerlegt man das Parallelogramm so, dass ein Recheck entsteht und von diesem berechnet man dann den Flächeninhalt. Die Skizze verdeutlich dies:

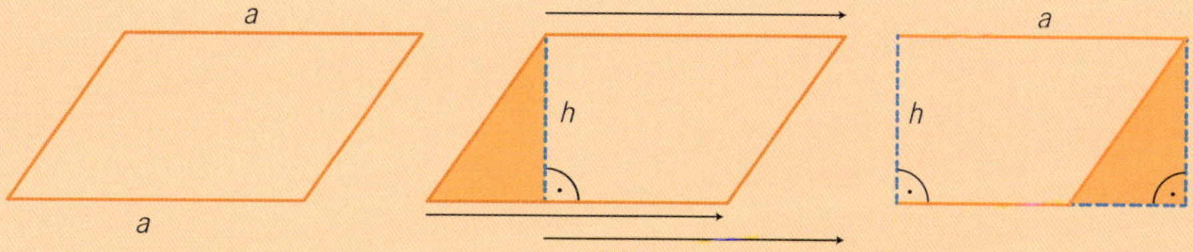

Man ermittelt durch Messen oder Ablesen z. B. die eingezeichnete Höhe h. Da im Parallelogramm gegenüberliegende Seiten parallel sind, kann man das entstandene getönte Dreieck so verschieben, dass es an der rechten Seite des Parallelogramms anschließt und wir somit ein flächengleiches Rechteck gebildet haben.
Der Flächeninhalt dieses Rechtecks ergibt sich aus dem Produkt von Grundseite und zugehöriger Höhe, also gilt auch:
$A_{\text{Parallelogramm}}$ = Grundseite · Höhe.

Es bleibt sich gleich, ob man die Seite a und die Höhe auf a oder die Seite b und die Höhe auf b wählt.
Es gilt entweder $A_P = a \cdot h_a$ oder $A_P = b \cdot h_b$
Man wählt vorzugsweise die Strecken, die sich am besten ablesen lassen.
Hier: $a = 2\,\text{cm}$, $h_a = 1{,}5\,\text{cm}$, somit $A = 2\,\text{cm} \cdot 1{,}5\,\text{cm} = 3\,\text{cm}^2$.

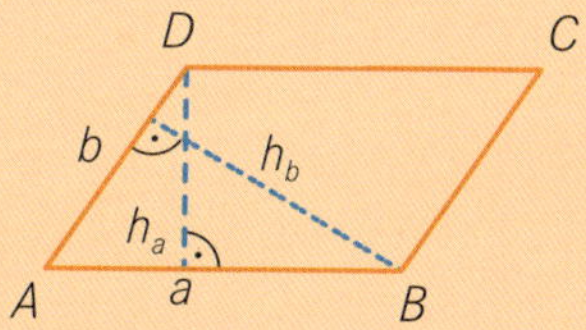

Merke

Für den Flächeninhalt A eines Parallelogramms gilt $A = g \cdot h$.

6 FLÄCHENINHALT EBENER FIGUREN

1 Bestimme den Flächeninhalt durch Ablesen der Länge von Seite und Höhe.

a)
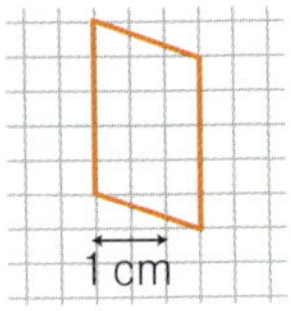

b)
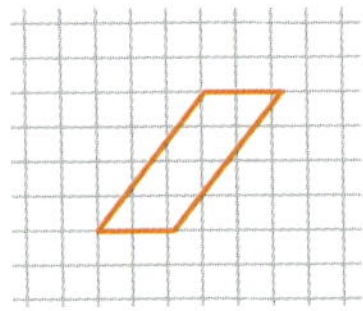

c)
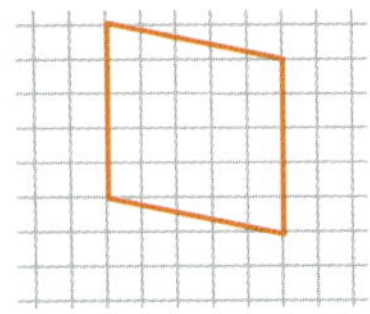

d)
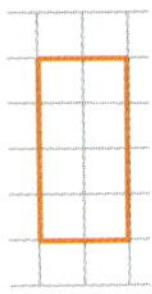

e)
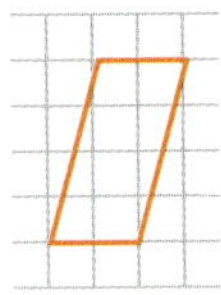

f)
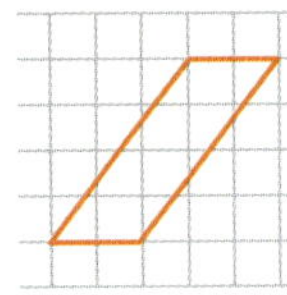

2 Zeichne das Parallelogramm *ABCD* in ein Koordinatensystem (eine Einheit ≙ 1 cm) und berechne dann dessen Flächeninhalt.

a) $A(3|2)$ $B(7|2)$ $C(6|6)$ $D(2|6)$
b) $A(-5|-2)$ $B(-2|-2)$ $C(0|3)$ $D(-3|3)$
c) $A(6{,}2|3{,}5)$ $B(8{,}9|3{,}5)$ $C(7{,}5|8{,}2)$ $D(4{,}8|8{,}2)$

3 Berechne die fehlende Größe im Parallelogramm. Wandle evtl. Einheiten um!

Parallelogramm	a)	b)	c)	d)
Seitenlänge g	8,5 m	5,2 cm		250 cm
Höhe auf g		29 mm	200 dm	
Flächeninhalt A	26,35 m²		400 a	1,875 m²

4 Der Treppenaufgang von Familie Schneider soll tapeziert werden.
Es soll nur der reine Quadratmeterpreis berechnet werden.
1 m^2 kostet mit allen anfallenden Arbeiten bei einer Malerfirma 76,25 €. Wie viel muss Familie Schneider bezahlen?
Ein anderer Maler berechnet die schräge Fläche wie ein Rechteck vom Boden bis zur Decke, berechnet aber nur 50 € pro m^2.
Beurteile, was günstiger ist.

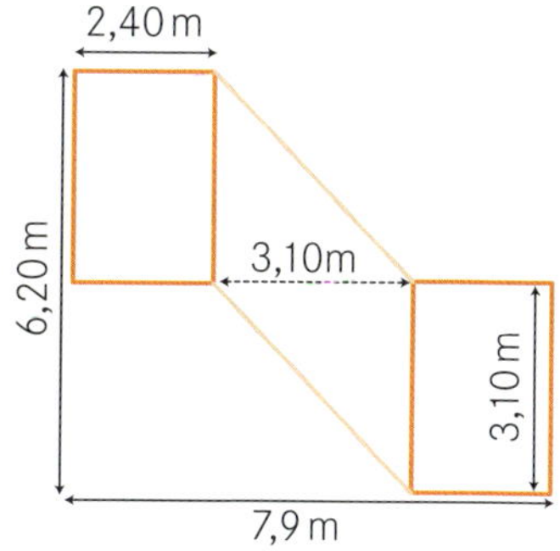

5 Gegeben ist das mittlere Rechteck mit den Seitenlängen a = 4 cm und b = 3 cm. Gegenüberliegende Seiten werden in jeweils gegensätzlicher Richtung verdoppelt und dann mit einem Eckpunkt verbunden.
Wie groß ist der Flächeninhalt der Figur?

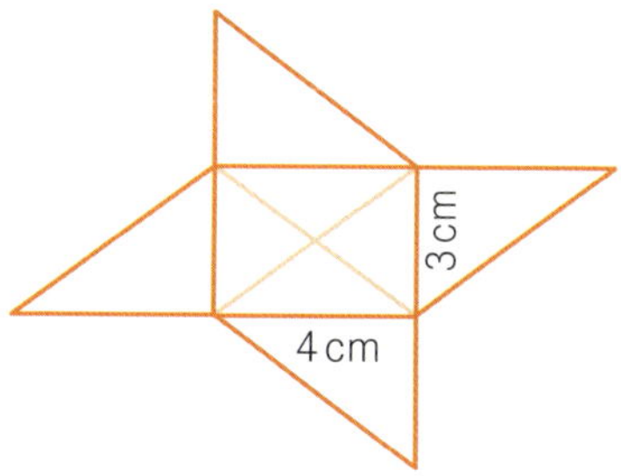

6.2 Flächeninhalt beim Dreieck

Was du schon können musst:

1. Den Flächeninhalt von Rechtecken bestimmen.
2. Längen- und Flächenmaßeinheiten kennen und umwandeln.
3. Vielecke in Dreiecke zerlegen.
4. Die Höhenlinien im Dreieck einzeichnen.
5. Wissen, was Kongruenzabbildungen sind.

Darum geht es

Bestimmt werden soll nun der Flächeninhalt eines Dreiecks.
Dieses Mal zerlegen wir die Figur nicht, sondern wir ergänzen sie zu einer Figur, deren Flächeninhaltsformel wir kennen. Wir bilden das Dreieck durch eine Punktspiegelung so ab, dass ein Parallelogramm entsteht. Da die beiden Dreiecke kongruent sind, ist der Flächeninhalt dieses Parallelogramms nun doppelt so groß wie der des Dreiecks.
Die Skizze verdeutlicht dies:

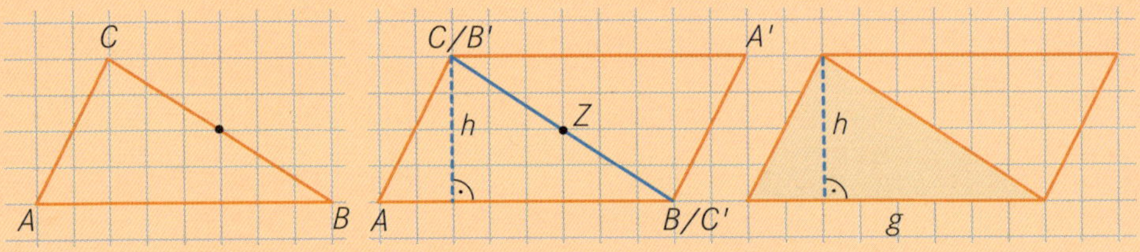

Das Parallelogramm hat den Flächeninhalt $A = g \cdot h$. Um den Flächeninhalt des ursprünglichen Dreiecks zu erhalten, müssen wir nur durch 2 dividieren:
Also gilt für den Flächeninhalt des Dreieck: $A_{\text{Dreieck}} = \frac{g \cdot h}{2} = \frac{1}{2} \cdot g \cdot h$.
Insgesamt gibt es beim Dreieck drei Höhenlinien. Wir wählen diejenige Höhe, bei der wir Grundseite und Höhe am besten ablesen bzw. messen können.

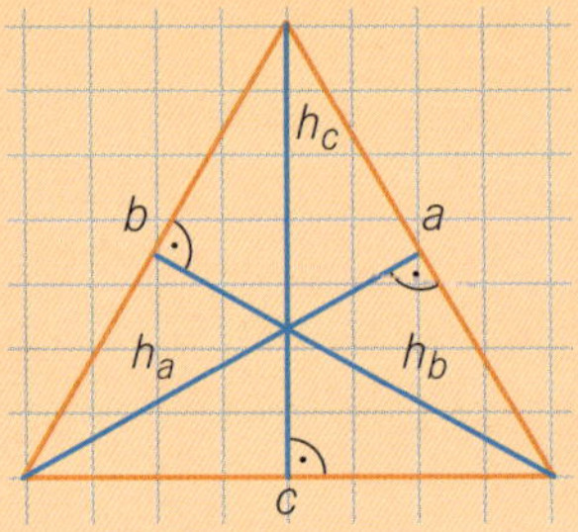

Am einfachsten kann man in der Skizze die Länge der Seite c und die zugehörige Höhe ablesen.
Dennoch gilt: $A = \frac{1}{2} \cdot c \cdot h_c = \frac{1}{2} \cdot a \cdot h_a = \frac{1}{2} \cdot b \cdot h_b$
Hier: $c = 4\,\text{cm}$, $h_c = 3{,}5\,\text{cm}$,
somit $A = \frac{1}{2} \cdot 4\,\text{cm} \cdot \frac{7}{2}\text{cm} = 7\,\text{cm}^2$.

Merke

Für den Flächeninhalt A eines Dreiecks gilt $A = \frac{1}{2} \cdot g \cdot h$.

1 **Bestimme den Flächeninhalt durch Ablesen der Länge von Seite und Höhe.**

a) 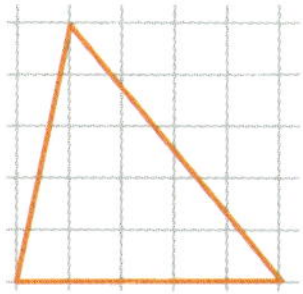

b) 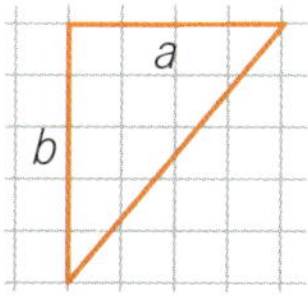

c) 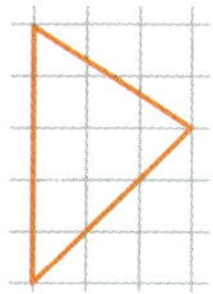

d) 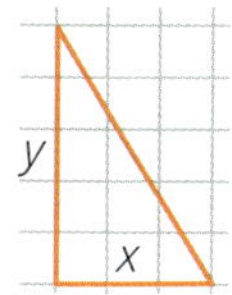

e) Begründe, warum man in b) und d) sofort sagen kann, dass für die Flächeninhalte gilt: $A_b = \frac{1}{2}ab$ bzw. $A_d = \frac{1}{2}xy$.

2 **Zeichne das Dreieck *ABC* in ein Koordinatensystem (eine Einheit ≙ 1 cm) und berechne dann dessen Flächeninhalt (ohne zu messen).**

a) $A(0\,|\,0)$ $B(3{,}5\,|\,0)$ $C(2{,}5\,|\,2{,}5)$

b) $A(1{,}6\,|\,0{,}7)$ $B(4{,}6\,|\,0{,}7)$ $C(3{,}5\,|\,3{,}7)$

c) $A(1\,|\,-2)$ $B(1\,|\,2)$ $C(-2\,|\,-1)$

3 **Berechne die fehlende Größe im Dreieck. (Einheiten beachten)**

Dreieck	a)	b)	c)	d)
Seitenlänge g	4,5 cm		24 cm	250 mm
Höhe auf g	1,7 cm	2 cm		1,2 dm
Flächeninhalt A		2,25 cm²	4,32 dm²	

4 **Zeichne drei verschiedene Dreiecke, die alle den Flächeninhalt 18 cm² haben.**

5 **Berechne den Flächeninhalt der Vielecke, indem du in bekannte Teilflächen zerlegst.**

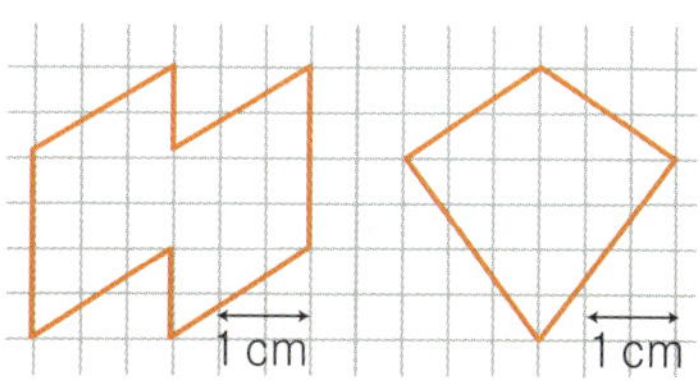

6 **Manchmal lässt sich der Flächeninhalt von Vierecken leichter berechnen, wenn man ein Rechteck umbeschreibt und Dreiecksflächen subtrahiert. Berechne auch hier den Flächeninhalt.**

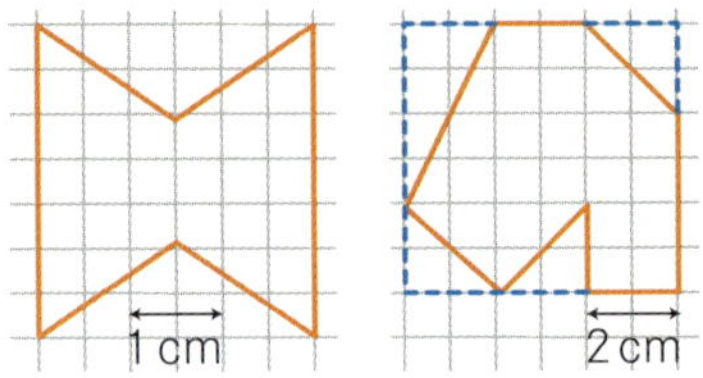

6.3 Flächeninhalt beim Trapez

Was du schon können musst:

1. Den Flächeninhalt von Rechtecken bestimmen.
2. Längen- und Flächenmaßeinheiten kennen und umwandeln.
3. Flächeninhaltsformel für Parallelogramm und Dreieck kennen.
4. Höhen angeben.
5. Wissen, was Kongruenzabbildungen sind.
6. Ein Trapez ist ein Viereck, bei dem mindestens zwei gegenüberliegende Seiten zueinander parallel sind.

Darum geht es

Bestimmt werden soll nun der Flächeninhalt eines Trapezes. Wie bei der Erklärung des Flächeninhalts für Dreiecke, ergänzen wir auch hier zu einer Figur, deren Flächeninhaltsformel wir kennen. Wir bilden das Trapez durch eine Punktspiegelung so ab, dass ein Parallelogramm entsteht. Der Flächeninhalt dieses Parallelogramms ist damit wieder doppelt so groß wie der der ursprünglichen Figur, des Trapezes.
Die Skizze verdeutlich dies:

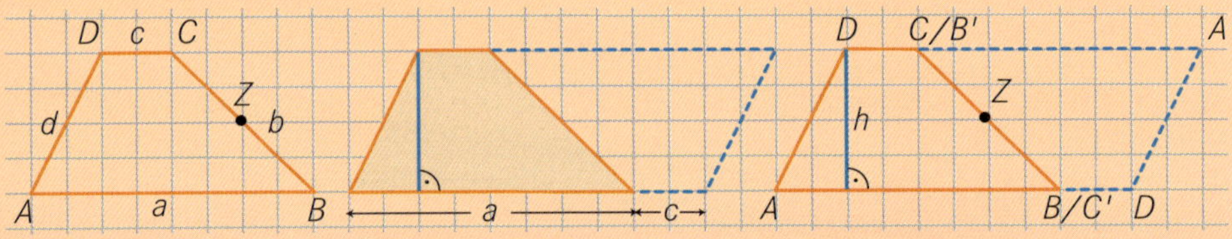

Das Parallelogramm hat den Flächeninhalt $A = (a + c) \cdot h$. Um den Flächeninhalt des ursprünglichen Trapezes zu erhalten, müssen wir nur durch 2 dividieren. Also gilt für den Flächeninhalt des Trapezes:

$$A_{\text{Trapez}} = \frac{(a + c) \cdot h}{2} = \frac{1}{2} \cdot (a + c) \cdot h.$$

Beachte

a und c sind die beiden gegenüberliegenden parallelen Seiten.

Merke

Für den Flächeninhalt A eines Trapezes gilt $A = \frac{1}{2} \cdot (a + c) \cdot h$.

1 Bestimme den Flächeninhalt durch Ablesen der benötigten Längen.

a) 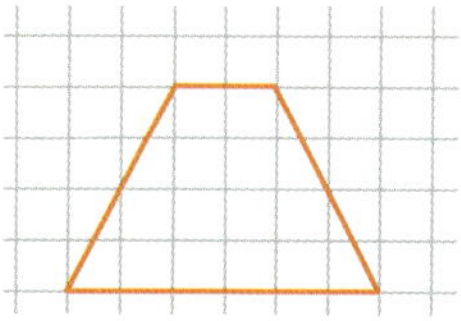

b) 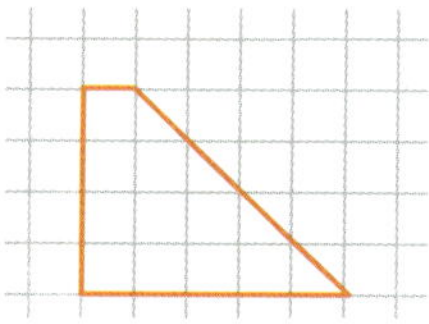

c) 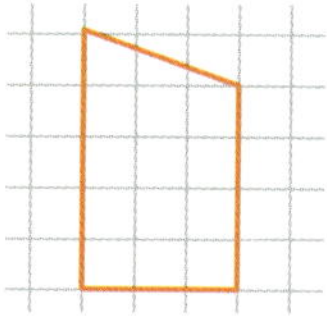

2 Zeichne das Trapez *ABCD* in ein Koordinatensystem (eine Einheit: 1 cm) und berechne dann dessen Flächeninhalt (ohne zu messen).

a) $A(1\,|\,2)$ $B(8\,|\,2)$ $C(7\,|\,7)$ $D(4\,|\,7)$
b) $A(-1\,|\,-1)$ $B(2\,|\,0)$ $C(2\,|\,4)$ $D(-1\,|\,5)$
c) $A(0{,}75\,|\,0)$ $B(6{,}25\,|\,0)$ $C(5{,}5\,|\,4{,}4)$ $D(1{,}1\,|\,4{,}4)$

3 Berechne die fehlende Größe im Trapez.

Trapez	a)	b)*	c)	d)*
Seitenlänge a	7,5 cm	4 m	24 mm	
Seitenlänge c	3,5 cm		5,5 cm	7 dm
Höhe h	5 cm	2,5 m		5 dm
Flächeninhalt A		7,5 m²	553 mm²	0,25 m²

* *für „Fortgeschrittene“*

4 Das zweigeteilte Fenster einer Dachgaupe soll neu gemacht werden. Wie groß ist der Flächeninhalt der beiden zugeschnittenen Glasscheiben? Die Höhe h ist bei beiden Flächenstücken gleich groß $h = 40\,\text{cm}$, gegenüberliegende parallele Seiten der unteren Fläche betragen 1 m und 5 dm.

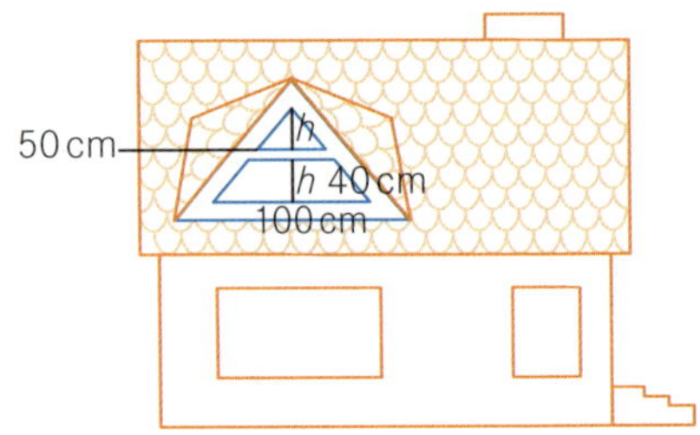

Test Kapitel 6

1 Prüfe, welche Figuren zerlegungsgleich sind und deshalb denselben Flächeninhalt haben. |6|

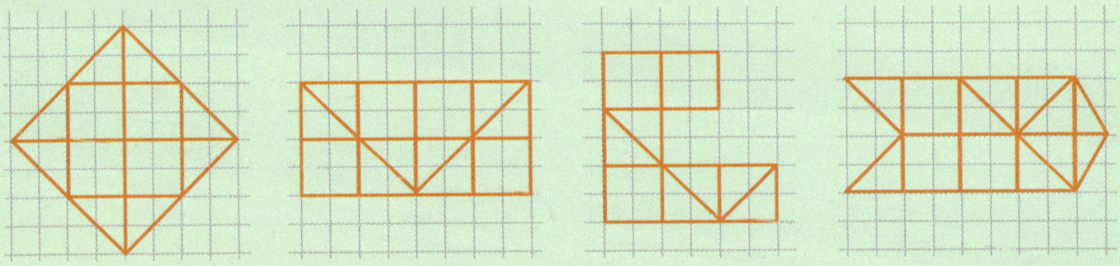

2 Berechne jeweils die fehlende Größe.

a) im Parallelogramm $a = 4{,}5\,\text{cm}$; $A = 33{,}75\,\text{cm}^2$; Höhe $h_a = ?$ |4|

b) im Dreieck $g = 2{,}1\,\text{m}$; $h_g = 1{,}6\,\text{m}$; $A = ?$ |3|

c) im Trapez $a = 3{,}2\,\text{cm}$; $c = 46\,\text{mm}$; $A = 5{,}46\,\text{cm}^2$; $h = ?$ |5|

3 Wie viel Prozent der Trapezfläche nehmen die beiden Dreiecke aus der Figur zusammen ein?

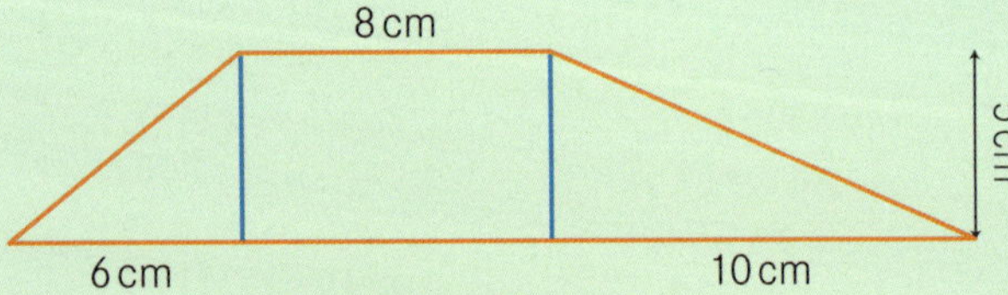

|6|

Besser in Mathematik
Lösungsheft
Gymnasium
6. Klasse

Cornelsen
SCRIPTOR

1 BRÜCHE

1.1 Brüche erweitern und kürzen

Übung 1

a) EW: 5 b) EW: 10 c) EW: 9

Übung 2

a) 4 b) 3 c) 6

Übung 3

$\frac{9}{10}, \frac{3}{5}, \frac{1}{3}, \frac{1}{3}, \frac{3}{1}, \frac{2}{1}, \frac{4}{1}, \frac{3}{10}, \frac{9}{16}, \frac{1}{1}, \frac{3}{5}, \frac{10}{1}$

Übung 4

a) $\frac{7}{9} = \frac{56}{72} = \frac{35}{45} = \frac{77}{99}$ b) $\frac{5}{12} = \frac{30}{72} = \frac{25}{60} = \frac{75}{180}$

Übung 5

a) $\frac{2 \cdot 2 \cdot 2 \cdot 2}{2 \cdot 2 \cdot 5 \cdot 13} = \frac{4}{65}$ b) $\frac{3 \cdot 5 \cdot 7}{5 \cdot 5 \cdot 7 \cdot 7} = \frac{3}{35}$

c) $\frac{5 \cdot 11}{5 \cdot 3 \cdot 11} = \frac{1}{3}$ d) $\frac{2 \cdot 3 \cdot 3 \cdot 3}{2 \cdot 3 \cdot 13} = \frac{9}{13}$

Übung 6

a) $\frac{169}{624}$ und $\frac{216}{624}$ b) $\frac{63}{75}$ und $\frac{35}{75}$

c) $\frac{30}{140}$ und $\frac{7}{140}$ d) $\frac{34}{162}$ und $\frac{63}{162}$

Übung 7

Gesucht ist der Hauptnenner:

a) HN: 72 b) HN: 120

1.2 Addieren und Subtrahieren von Brüchen

Übung 1

a) $\frac{7}{12}$ b) $\frac{13}{36}$ c) $\frac{7}{24}$

Übung 2

a) $\frac{14}{12} = \frac{7}{6} = 1\frac{1}{6}$ b) $2\frac{17}{30}$ c) $\frac{17}{42}$

d) $\frac{17}{42}$ e) $\frac{2}{15}$ f) $\frac{19}{36}$

Übung 3

a) $2\frac{1}{4}$ b) $1\frac{1}{3}$ c) $1\frac{67}{120}$

d) $\frac{1}{48}$ e) $\frac{1}{21}$

Übung 4

a) $\frac{17}{24}$ b) $-\frac{5}{8}$ c) $\frac{17}{24}$

Übung 5

a) $1\frac{5}{36}$; HN 36 b) $\frac{11}{20}$; HN 20 c) $\frac{45}{56}$; HN 56

d) $\frac{1}{5}$; HN 15 e) $\frac{27}{40}$ HN: 40

Übung 6

a) $\frac{11}{12} - \frac{5}{9} = \frac{13}{36}$ b) $\left(\frac{9}{6} + \frac{8}{3}\right) - \left(\frac{8}{5} - \frac{1}{6}\right) = 2\frac{11}{15}$

Übung 7

$\frac{1}{2} + \frac{3}{4} + \frac{1}{8} + \frac{1}{8} = \frac{12}{8} = 1\frac{1}{2}$.

Nein, der 1-l-Krug reicht nicht aus.

1.3 Gemischte Brüche addieren und subtrahieren

Übung 1

a) $\frac{40}{11}$ b) $3\frac{3}{4}$ c) $\frac{10}{7}$ d) $\frac{61}{8}$ e) $9\frac{4}{5}$ f) $10\frac{1}{10}$

Übung 2

a) $12\frac{13}{18}$ b) $7\frac{25}{42}$ c) $16\frac{7}{12}$ d) $5\frac{1}{24}$

Übung 3

a) $4\frac{1}{4}$ b) $10\frac{5}{21}$ c) $\frac{7}{18}$ d) $2\frac{1}{3}$

Übung 4

a) $3\frac{5}{12}$ b) $4\frac{22}{35}$ c) $\frac{7}{18}$

Übung 5

a) $10\frac{1}{20}$ b) $9\frac{10}{21}$ c) $\frac{17}{30}$

Übung 6

a) $24\frac{7}{8}$ b) von $459\frac{4}{15}$

1.4 Multiplizieren und dividieren von Bruchzahlen mit einer natürlichen Zahl

Übung 1

a) $\frac{4}{5}$ b) $\frac{6}{8} = \frac{3}{4}$ c) $\frac{9}{4} = 2\frac{1}{4}$

d) $2\frac{6}{7}$ e) $2\frac{1}{10}$ f) $8\frac{1}{4}$

Übung 2

a) $\frac{1}{10}$ b) $\frac{1}{6}$ c) $\frac{3}{8}$ d) $\frac{5}{21}$ e) $\frac{3}{10}$ f) $\frac{6}{11}$

Übung 3

a) $\frac{8}{3}$ b) 21 c) 36 d) $\frac{1}{70}$ e) $\frac{3}{26}$ f) $\frac{7}{100}$

Übung 4

$2 \cdot \frac{7}{10} + 3 \cdot \frac{4}{5} + 1\frac{1}{5} + 1\frac{1}{2} + \frac{1}{4} = 6\frac{3}{4}$

Der Ranzen ist $6\frac{3}{4}$ kg schwer.

Übung 5

a) $x = 10$ $y = 18$ $z = 12$

b) $x = \frac{2}{15}$ $y = \frac{3}{4}$ $z = \frac{9}{7}$

1.5 Multiplizieren von Brüchen mit Bruchzahlen

Übung 1

a) $\frac{3}{7} \cdot \frac{1}{2}\text{kg} = \frac{3}{14}\text{kg}$

b) $\frac{7}{12}\text{m}^2$ c) $\frac{1}{4}$h d) $\frac{7}{60}$cm e) $\frac{7}{12}$cm

Übung 2

a) $\frac{5}{8}$kg b) $\frac{1}{2}$ Stunde c) $\frac{1}{8}$

Übung 3

a) $\frac{35}{72}$ b) $\frac{45}{49}$ c) $\frac{48}{65}$ d) $\frac{57}{121}$ e) $\frac{25}{81}$ f) $\frac{121}{144}$

Übung 4

a) $\frac{3}{10}$ b) 8 c) 1 d) 1 e) $\frac{3}{2} = 1\frac{1}{2}$

Übung 5

a) $1\frac{5}{7}$ b) 3 c) $\frac{1}{4}$

Übung 6

a) 12 b) 45 c) 20 d) $\frac{140}{153}$

Übung 7

a) $46\frac{2}{3}$ b) $8\frac{2}{5}$ c) 368 d) $61\frac{1}{4}$ e) 0

1.6 Dividieren von Brüchen durch eine Bruchzahl

Übung 1

a) $1\frac{1}{20}$ b) $\frac{65}{108}$ c) 6 d) $1\frac{1}{2}$ e) $\frac{344}{729}$

Übung 2

a) $2\frac{4}{15}$ b) 2 c) $2\frac{7}{39}$ d) 1

Übung 3

a) $\frac{4}{7}, \frac{8}{7}, \frac{16}{7}, \frac{32}{7}$, ... nachfolgende Zahlen verdoppeln sich

b) $\frac{4}{7}, \frac{4}{14}, \frac{4}{28}, \frac{4}{56}$, ... nachfolgende Zahlen nur halb so groß

Übung 4

a) $1\frac{1}{2}$ b) $\frac{4}{25}$ c) $2\frac{3}{10}$

Übung 5

$1\frac{1}{2}l : \frac{1}{5}l = 7\frac{1}{2}$ Gläser können gefüllt werden.

Übung 6

a) falsch b) wahr c) falsch d) falsch

Übung 7

Die Zahl heißt 9.

1.7 Rechengesetze und Berechnung von Termen

Übung 1

a) $2\frac{7}{10}$ b) $1\frac{29}{300}$ c) $1\frac{1}{2}$

Übung 2

a) $\frac{1}{6}$ b) $\frac{5}{12}$

Übung 3

a) $\left(\frac{5}{9}+\frac{5}{6}\right)\cdot\frac{18}{5}=5$ b) $\left(4\frac{2}{5}\cdot 3\frac{3}{4}\right):8\frac{4}{5}=1\frac{7}{8}$

c) $10:\left(4\frac{1}{2}-3\frac{1}{3}\right)=8\frac{4}{7}$

Übung 4

a) $2\frac{7}{12}$ b) $1\frac{1}{20}$ c) $2\frac{3}{71}$

Übung 5

a) $\frac{7}{2}=3\frac{1}{2}$ b) $\frac{3}{20}$ c) $10\frac{4}{15}$

Übung 6

a) $x=6$ b) $x=0$ c) $x=\frac{2}{3}$ d) $x=1$

1.8 Sachaufgaben zur Bruchrechnung

Übung 1

Landfläche: ca. 153 Mio. km^2,
Wasserfläche: ca. 357 Mio. km^2.

a) Nord: Landfläche: ca. 102 Mio. km^2, Wasserfläche: ca. 153 Mio. km^2.
b) Süd: $\frac{1}{5}$ Landfläche: ca. 51 Mio. km^2, $\frac{4}{5}$ Wasserfläche: ca. 204 Mio. km^2.

Übung 2

a) Rauminhalt $22\frac{58}{125}\,cm^3$
b) Oberflächeninhalt $58\frac{14}{25}\,cm^2$
c) Flächeninhalt der Reibflächen $12\frac{12}{25}\,cm^2$

Übung 3

$h = 6\,600$m

Übung 4

Gesamthöhe des Leuchtturmes $h = 75$ m, unter dem Meeresboden 15 m, im Wasser 25 m

Übung 5

Die Länge verkürzt sich um $12\frac{1}{2}$ m auf $40\frac{1}{2}$ m.

Test Kapitel 1

Übung 1

a) $\frac{7}{9}=\frac{56}{72}=\frac{35}{45}=\frac{77}{99}$ b) $\frac{5}{12}=\frac{30}{72}=\frac{25}{60}=\frac{75}{180}$

Übung 2

$\frac{5}{20}<\frac{5}{14}<\frac{5}{11}<\frac{5}{9}<\frac{5}{8}<\frac{5}{7}<\frac{5}{6}<\frac{5}{5}<\frac{7}{5}<\frac{7}{3}<\frac{7}{2}$

Übung 3

a) $\frac{17}{30}$ b) $\frac{1}{18}$ c) $\frac{51}{120}=\frac{17}{40}$
d) $\frac{3}{5}$ e) $6\frac{31}{40}$

Übung 4

a) $\frac{10}{49}$ b) $\frac{8}{5}$ c) $17\frac{17}{35}$ d) $\frac{2}{5}$ e) $\frac{2}{21}$ f) $1\frac{1}{3}$

Übung 5

a) $1\frac{19}{24}$ b) $2\frac{1}{10}$

Übung 6

a) $\frac{3}{5}$ der Vereinsmitglieder spielt Fußball.
b) 33 Mädchen spielen Fußball.

2 DEZIMALZAHLEN UND RECHNEN MIT DEZIMALZAHLEN

2.1 Dezimalzahlen – Zehnerbrüche

Übung 1

...	H	Z	E	z	h	t	zt	ht	
		5	0	0	2				
			3	1	7	0	4		
	3	0	0	0	5				
			0	0	5				
			0	0	0	1			
			4	0	2	0	4	0	6
			0	0	0	1	0	1	

Übung 7

a) 0,175 kg b) 2,025 kg c) 0,375 km
d) 2,16 m^2 e) 0,750 dm^3 f) 4,04 t
g) 21 g h) 70 dm i) 8,5 km^2
j) 2,5 min

2.2 Ordnen, Vergleichen, Runden von Dezimalzahlen

Übung 1

a) A = 3,2 B = 7,6 C = 1,4
D = 4,9 E = 0,8 F = 8,3

b)

Übung 2

	...	H	Z	E	z	h	t	zt	ht
a)				2	5	5			
b)			1	3	0	4			
c)		6	0	6	1	0	5		
d)				9	9	9			

a) $2{,}55 = 2\frac{55}{100} = 2\frac{11}{20}$

b) $13{,}04 = 13\frac{4}{100} = 13\frac{1}{25}$

c) $606{,}105 = 606\frac{105}{1000} = 606\frac{21}{200}$

d) $9{,}99 = 9\frac{99}{100}$

Übung 3

0,4; 0,1; 0,35; 0,80; 0,05; 0,678; 0,509; 0,017; 0,02; 0,005

Übung 4

2,9; 3,17; 6,07; 20,782; 12,003; 31,375; 5,0101; 1,01; 4,25

Übung 5

$\frac{1}{2}$; $\frac{375}{1000} = \frac{3}{8}$; $\frac{28}{100} = \frac{7}{25}$; $\frac{45}{1000} = \frac{9}{200}$; $4\frac{65}{100} = 4\frac{13}{20}$;
$50\frac{5}{100} = 50\frac{1}{20}$; $10\frac{1}{1000}$; $\frac{20}{100} = \frac{1}{5}$; $\frac{2}{100} = \frac{1}{50}$

Übung 6

$\frac{2}{5}$; $\frac{3}{5}$; $\frac{3}{4}$; $\frac{1}{8}$; $\frac{5}{8}$; $\frac{21}{200}$; $\frac{4}{25}$; $\frac{17}{20}$; $\frac{7}{25}$

Übung 2

a) 0,9 b) 2,58 c) 0,62

Übung 3

345,022 < 345,202 < 345,22 < 453,202
< 453,22 < 534,222

Übung 4

a) > b) > c) < d) >

Übung 5

a) ≈ 56 b) ≈ 24 c) ≈ 1
d) ≈ 124 e) ≈ 45

Übung 6

a) ≈ 30,47 b) ≈ 0,564
c) ≈ 10 d) ≈ 7,0

Übung 7

a) ≈ 17,02 b) ≈ 8,98
c) ≈ 0,01 d) ≈ 70,00

Übung 8

a) ≈ 0,58 b) ≈ 0,3
c) ≈ 5,46 d) ≈ 13,010

Übung 9

a) ≈ 46 g b) ≈ 328 a
c) ≈ 37 cm^3 d) ≈ 571 l
e) ≈ 159 dm f) = 3 375 m
g) ≈ 68 m^2 h) ≈ 2 101 kg

Übung 10

a) $0{,}465 \le x < 0{,}475$
b) $4{,}25 \le x < 4{,}35$
c) $0{,}545 \le x < 0{,}555$
d) $71{,}5 \le x < 72{,}5$

2.3 Addieren und Subtrahieren von Dezimalzahlen

Übung 1

a) 402,075 b) 1

Übung 2

a) 46,44 b) 3,897

Übung 3

a) 760 m + 540 m + 682,5 m = 1 982,5 m
b) 6 599 m^2
c) 1 016,5 dm^3 = 1,0165 m^3
d) 389,224 kg

Übung 4

a) = b) > c) > d) <

Übung 5

a) 13,3325 b) 15,1726
c) 27,897 d) 28,96

2.4 Multiplizieren von Dezimalzahlen

Übung 1

a) 5679,8 b) 34 576,3
c) 450 d) 306,7
e) 85 020

Übung 2

a) 10 000 b) 1 000
c) 1 d) 100 000
e) 1 000 f) 1

Übung 3

a) 2,5 b) 1
c) 12 d) 15
e) 0,25 f) 0,0625

Übung 4

a) 22,05 b) 618,7
c) 2 900,3 d) 7 590,75
e) 36,288

Übung 5

a) 1,44 b) 0,1 c) 0,2
d) 1,54 e) 0,0048

Übung 6

a) 417,775 b) 150,92 c) 4,1921
d) 9,5025 e) 13,9542

Übung 7

a) 1,7	b) 64,064	c) 8,9375
170	0,640 64	893,75
0,017	6 406,4	0,089 375

Übung 8

Für die 19.768 m^2 muss der Verein 340.998 € aufbringen.

2.5 Dividieren von Dezimalzahlen

Übung 1

a) 1 : 0,1; 0,01; 0,001; 0,0001
b) 28 002 : 2 800,2; 280,02; 28,002; 2,8002
c) 240,042 : 24,0042; 2,400 42; 0,240 042; 0,024 004 2
d) 0,05 : 0,005; 0,0005; 0,000 05; 0,000 005
e) 20,001 : 2,0001; 0,200 01; 0,020 001; 0,002 000 1
f) 100 000 : 10 000; 1 000; 100; 10
g) 28 000; 2 800; 280; 28; 2,8
h) 10,01 : 1,001; 0,1001; 0,010 01; 0,001 001

Übung 2

a) 2,6 b) 8,35
c) 0,29 d) 0,27

Übung 3
a) 1 083,6 : 42 = 25,8
b) 26,43
c) 0,248
d) 2,715

Übung 4
a) 2,45
b) 2,33
c) 0

Übung 5
Mittelwert 38,2 m

Übung 6
34 Fuhren; 2 LKW fahren 11 mal, 1 LKW fährt 12 mal

Übung 7
Holland: 100 g kosten 0,40 €,
Italien: 100 g kosten 0,395 €
Antwort: Die Tomaten aus Italien sind günstiger.

2.6 Abbrechende und periodische Dezimalzahlen

Übung 1
a) 0,35; 1,25; 1,4; 0,34; 0,28
b) 1,125; 0,056; $0{,}2\overline{6}$; 0,225; 0,1875

Übung 2
a) $0{,}25 = \frac{1}{4}$; $\frac{1}{2} = 0{,}5 = \frac{4}{8}$; $\frac{2}{5} = 0{,}4 = \frac{4}{10}$
b) $0{,}1 = \frac{1}{10}$; $\frac{1}{100} = 0{,}01$; $0{,}05 = \frac{5}{100} = \frac{1}{20}$; $\frac{1}{5} = 0{,}20$

Übung 3
a) $\frac{5}{6}$; $\frac{4}{3}$
b) $\frac{4}{9}$; $\frac{3}{7}$; $\frac{1}{11}$; $\frac{35}{75}$

Übung 4
a) 7,25; 1,375; 0,408; 0,6875; 1,8
b) 0,48; 0,78125; 0,65; 0,765; 0,06

Übung 5
a) $1{,}\overline{3}$; $0{,}\overline{45}$; $0{,}\overline{714285}$; $0{,}\overline{2}$; $0{,}\overline{142857}$
b) $0{,}8\overline{3}$; $0{,}3\overline{18}$; $0{,}2\overline{142857}$; $0{,}6\overline{1}$; $0{,}58\overline{3}$

Übung 6
a) $0{,}01 < 0{,}\overline{01} < 0{,}1 < 0{,}\overline{10} < 0{,}11 < 0{,}\overline{1}$
b) $0{,}2 < 0{,}21 < 0{,}\overline{21} < 0{,}22 < 0{,}\overline{2} < 0{,}23$

Übung 7
$\frac{2}{9}$; $\frac{1}{3}$; $\frac{4}{9}$; $\frac{5}{9}$; $\frac{2}{99}$; $\frac{15}{99}$; $\frac{10}{99}$; $\frac{2}{90}$; $\frac{4}{90}$; $1\frac{1}{9}$; $1\frac{2}{3}$; $1\frac{20}{99}$

2.7 Berechnung von Termen

Übung 1
a) 4 b) 4,4 c) 3,5

Übung 2
a) 2,65 b) 3,5
c) 119 d) 18
e) 9,828

Übung 3
a) 28 b) 1,9
c) 0,3 d) 0
e) 1 f) 3

Übung 4
a) 0,46
b) 1
c) 2,3669

Übung 5
a) (14,75 + 7,25) + (14,75 − 7,25) = 29,5
b) (1,96 − 1,44) · 0,52 = 0,2704
c) (2,25 + 2,75) : (6,25 : 2,5) = 2
d) 12 · (1,1 + 1,2) − 6,6 = 21

Übung 6
2 · 1,99 € + 3 · 2,99 € + 6 · 1,10 € = 19,55 €.
Sie bekommt 45 ct zurück.

2.8 Sachaufgaben zum Rechnen mit Dezimalzahlen

Übung 1

gemessener Wert (auf mm gerundet)	mögliche untere Grenze	mögliche obere Grenze	Breite der Schwankung zwischen den Grenzen	maximaler Fehler
10,4 cm	10,35 cm	10,45 cm	1 mm	0,5 mm
12,7	12,65	12,75	1 mm	0,5 mm
15,2	15,15	15,25	1 mm	0,5 mm
16,8	16,75	16,85	1 mm	0,5 mm

Übung 2

Durchschnittlicher Benzinverbrauch: 8,52 l

Übung 3

Rein-Wasch 2,78 € pro kg billiger als Weiß-Wasch mit 2,80 € pro kg

Übung 4

40,3736 km

Übung 5

Für 3,57 m^2 263,70 €

Übung 6

3,44 964 kg

Übung 7

a) 127,737 m^3 = 127 737 dm^3 (l)

b) 2 904 Fliesen

c) Er reicht nicht für den Boden mit 20,2757 kg Farbe (Der Boden hat 70,965 m^2)

Test Kapitel 2

Übung 1

$0,\overline{18} > 0,18 > 0,118 > 0,108 > 0,018$;

Übung 2

a) ≈ 3639 dm^2 b) ≈ 144 dm   c) ≈ 24 cm

Übung 3

a) 1 160,78   b) 49,27   c) 3,3649
d) 27,2   e) 769,23

Übung 4

$\frac{17}{200} = 0,085$; $\frac{6}{34} = 0,765$; $0,025 = \frac{1}{40}$; $\frac{2}{11} = 0,\overline{18}$;

$\frac{14}{15} = 0,9\overline{3}$; $0,54 = \frac{27}{50}$

Übung 5

3-kg-Paket: Preis 1,60 € pro kg,
4,5kg-Paket: Preis $1,5\overline{4}$ € pro kg

Übung 6

5,4 · 12,85 € + 109,91 € + 3,5 · 41,80 € = 325,60 €

3 RATIONALE ZAHLEN

3.1 Zahlenstrahl und Zahlengerade

Übung 1

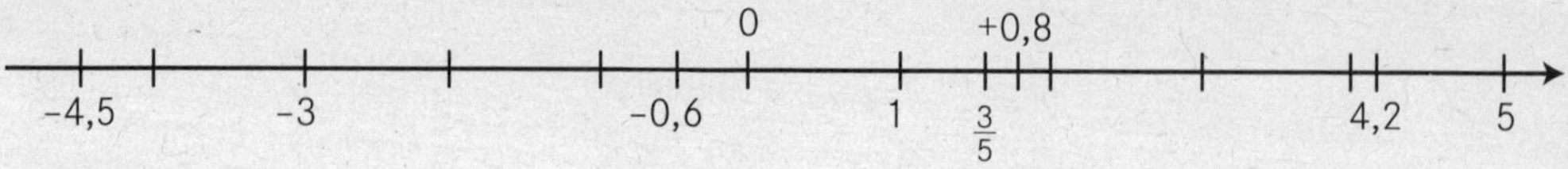

Übung 2

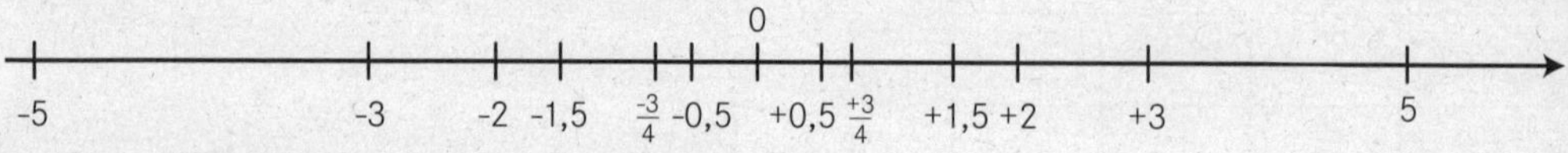

Übung 3

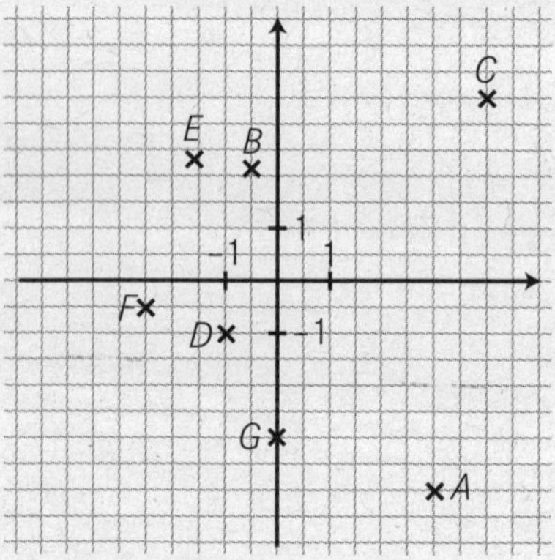

Übung 4

a) > b) > c) < d) <
e) > f) > g) > h) >

Übung 5

a) 1 b) 4,25 c) – 0,75 d) – 0,125
e) – 2,75 f) – 2,62 g) 0,035 h) – 0,055

Übung 6

a) IL_z = {5, 6, 7, 8, 9, 10}
b) IL_z = {– 6, – 5, – 4, – 3, – 2, – 1}
c) IL_z = {– 3, – 2, – 1, 0, 1}
d) IL_z = {– 2, – 1, 0, 1, 2}

3.2 Betrag rationaler Zahlen

Übung 1

a) 3,87; $\frac{7}{2}$; $\frac{5}{4}$; 0; 2,1; 0,75; 0,03; 0,54

b) 6,4; $\frac{4}{5}$; 8 756; 10 001; 809

Übung 2

a) + 73, − 73
b) + 3,62; − 3,62
c) $+\frac{7}{2}$; $-\frac{7}{2}$
d) 0
e) $+5\frac{1}{2}$; $-5\frac{1}{2}$
f) + 6,5; − 6,5
g) + 1; − 1

Übung 3

a)
b)
c)

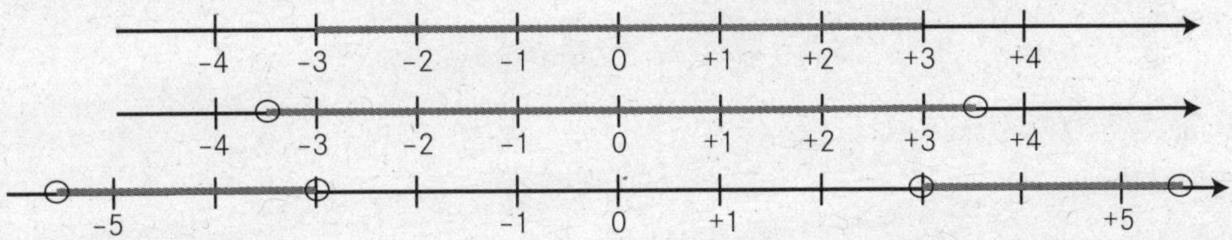

Übung 4

a) − 3, − 2, − 1, 0, + 1, + 2, + 3
b) − 3, − 2, − 1, 0, + 1, + 2, + 3
c) − 2, − 1, 0, + 1, + 2
d) − 5, + 5, − 4, + 4
e) + 1, − 1, + 2, − 2, + 3, − 3, + 4, − 4, + 5, − 5

Übung 5

a) $-2{,}5 < -\frac{4}{3} < -1 < 0{,}3 < \frac{5}{4} < 2$

b) $|+0{,}3| < |-1| < \left|+\frac{5}{4}\right| < \left|-\frac{4}{3}\right| < |+2|$
$< |-2{,}5|$

Übung 6

a) Wenn $a < b < 0$, dann ist $|a| > |b|$

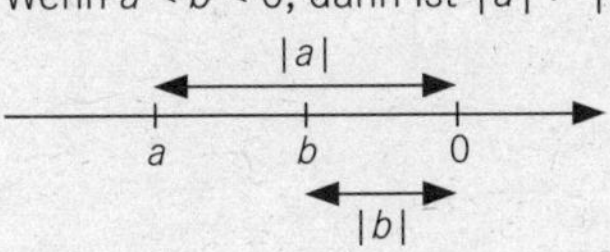

b) a steht weiter links von 0 als b, hat also den kleineren Wert, hat somit den größeren Abstand von 0, also den größeren Betrag

Übung 7

a) 6 b) 22 c) 0,5 d) 12

Übung 8

a) 18 °C b) 15,6 °C c) 11,2 °C

3.3 Addieren rationaler Zahlen

Übung 1

a) − (13 − 6) = − 7
b) − (43 − 27) = −16
c) − (45 + 12) = − 57
d) + (16 + 68) = + 84
e) + (35 − 29) = + 6
f) − (4,5 + 1,5) = − 6

Übung 2

a) − b) − c) − d) − e) + f) −

Übung 3

a) $-\frac{5}{6}$ b) $-\frac{2}{15}$

c) $-\frac{13}{56}$ d) $-\frac{1}{36}$

e) − 10 f) $+5\frac{1}{3}$

g) $4\frac{1}{18}$ h) + 5

Übung 4

a) $x = -6$ b) $x = -50$
c) $x = -33$ d) $x = +11{,}4$
e) $x = -3{,}6$ f) $x = -4\frac{5}{6}$

Übung 5

a) Guthaben von + 1.180,86 €
b) Schulden von − 775,07 €

Übung 6

a) Die Höchsttemperatur an diesem Tag ist − 1,7 °C
b) Es wurde an diesem Tag maximal + 1,3 °C.

3.4 Subtrahieren rationaler Zahlen

Übung 1

a) − (23 + 16) = − 39
b) + (44 − 33) = + 11
c) + (45 + 11) = + 56
d) + (86 − 68) = + 18
e) − (19 − 15) = − 4
f) + (0,5 − 0,3) = + 0,2

Übung 2

a) − b) + c) − d) + e) − f) +

Übung 3

a) $+1\frac{1}{4}$ b) $-1\frac{4}{21}$
c) $-\frac{5}{18}$ d) $-1\frac{1}{2}$
e) + 2 f) $-1\frac{1}{22}$

Übung 4

a) $x = -28$ b) $x = +276$ c) $x = +256$
d) $x = -7{,}4$ e) $x = +3{,}7$ f) $x = -1\frac{1}{4}$

Übung 5

a) + 19 882 m
b) + 18 667 m
c) + 15 971 m

Übung 6

a) falsch, Gegenbeispiel: + 1; − 3 (+ 1) − (− 3) = 4
b) falsch, Gegenbeispiel − 3 − (+ 3) = − 6
c) wahr, Addition der Gegenzahl
d) wahr; $+a + (-a) = 0$, $-a + (+a) = 0$

3.5 Multiplizieren rationaler Zahlen

Übung 1

a) − 72 b) + 135
c) − 84 d) − 30
e) − 75 f) + 1
g) $-\frac{1}{2}$ h) $-\frac{3}{4}$
i) 0 j) $2\frac{1}{2}$

Übung 2

a) − 80 b) + 900
c) − 2 d) $-\frac{49}{64}$
e) + 1 f) − 3
g) − 1 h) $-2\frac{1}{4}$
i) + 1 j) + 4

Übung 3

a) + 60 b) − 180
c) − 60 d) + 3
e) − 192 f) − 64
g) − 32 h) + 16

Übung 4

a) b)

a) Vorzeichen				b) Vorzeichen					
1. Fakt.	2. Fakt.	3. Fakt.		1. Fakt.	2. Fakt.	3./4. Fakt.			
		−	+			− −	− +	+ −	+ +
−	−	−	+	−	−	+	−	−	+
−	+	+	−	−	+	−	+	+	−
+	−	+	−	+	−	−	+	+	−
+	+	−	+	+	+	+	−	−	+

Die dunkel gerasterten Zellen geben das Ergebnis wieder.

3.6 Dividieren rationaler Zahlen

Übung 1

a) + 9 b) − 7
c) − 8 d) $-8\frac{1}{3}$
e) − 8 f) + 0,5
g) + 0,8 h) − 92

Übung 2

a) $-1\frac{1}{7}$ b) $+\frac{1}{9}$

c) $-3\frac{1}{2}$ d) $+\frac{3}{4}$

Übung 3

a) $+\frac{1}{2}$ b) $-\frac{28}{39}$ c) $-\frac{10}{13}$

Übung 4

a) $+\frac{3}{8}$ b) -13

c) -25 d) $+\frac{2}{5}$

Übung 5

a) $-\frac{1}{4}$ b) $+\frac{1}{3}$ c) $-\frac{49}{54}$

Übung 6

a) wahr
b) wahr
c) falsch
d) wahr
e) wahr

3.7 Verbindung der Grundrechenarten

Übung 1

a) $+131$ b) $+476{,}5$

c) $-\frac{3}{7}$ d) $+3\,700$

e) $+26$ f) $-\frac{7}{78}$

Übung 2

a) $40 + 50 = +90$
b) $-37 + 29 = -8$
c) $9 - 7 = +2$

Übung 3

a) $+5{,}43$
b) 0
c) 0
d) $1\frac{50}{81}$

Übung 4

a) $(-7) \cdot (-9 + (-5)) = +98$

b) $-\frac{3}{4} \cdot \frac{5}{6} + \left(-\frac{5}{8}\right) = -1\frac{1}{4}$

c) $(-0{,}3 - (-0{,}5)) : (-2) = -\frac{1}{10}$

Übung 5

Einnahmen: 63,57 €, Ausgaben 74,13 €. Jeder S. muss noch 0,33 € zahlen.

Test Kapitel 3

Übung 1

a) $IL_x = \{-3, -2, -1, 0, +1, +2\}$
b) $IL_y = \{0, +1\}$

Übung 2

a) $-1{,}92$
b) $-6{,}82$
c) $+13{,}8$

Übung 3

a) -61
b) -350
c) $-49{,}99$

Übung 4

a) $+40{,}6$
b) $+28{,}35$
c) $-122{,}1$

Übung 5

a) 3,2
b) $+4{,}3$

Übung 6

a) $((+38) + (-74)) - ((-38) - (+74)) = +76$

b) $\frac{1}{10} : \frac{2}{5} - \left(\frac{2}{20} - \frac{9}{10}\right) = 1\frac{1}{20}$

Übung 7

a) $-544 - (-624) = +80$ Jahre wurde Thales
b) $395 - (-30) - 1 = 424$ Jahre war Ägypten römische Provinz

4.1 Anteil – Bruchteil – Ganzes

Übung 1

a) $\frac{3}{15} = \frac{1}{5} = \frac{20}{100} = 0{,}2 = 20\,\%$

b) $\frac{4}{25} = \frac{16}{100} = 0{,}16 = 16\,\%$

c) $\frac{6}{30} = \frac{1}{5} = \frac{20}{100} = 0{,}2 = 20\,\%$

d) $\frac{8}{50} = \frac{4}{25} = \frac{16}{100} = 0{,}16 = 16\,\%$

e) $\frac{150}{2\,000} = \frac{3}{40} = 0{,}075 = 7{,}5\,\%$

f) $\frac{50}{800} = \frac{1}{16} = 0{,}0625 = 6{,}25\,\%$

Übung 2

a) 15 min
b) 120 €
c) 344 m²
d) 12 Jungen

Übung 3

a) 120 €
b) 9,2 kg
c) 5 kg
d) 111,75 €

Übung 4

a) 0,7 = 70 %
b) 0,12 = 12 %
c) 0,35 = 35 %
d) 0,625 = 62,5 %
e) 0,25 = 25 %
f) 0,49 = 49 %
g) 0,009 = 0,9 %

4.2 Prozentsatz – Prozentwert – Grundwert

Übung 1

a) $\frac{99}{100} = 0{,}99$

b) $0{,}23 = 23\,\%$

c) $\frac{20}{100} = \frac{2}{10} = 0{,}2$

d) $\frac{5}{100} = \frac{1}{20} = 5\,\%$

e) $\frac{6}{100} = 0{,}06 = 6\,\%$

f) $0{,}005 = \frac{1}{200}$

g) $\frac{9}{10} = \frac{90}{100} = 0{,}9 = 90\,\%$

Übung 2

$\frac{1}{2} = 50\,\%$, $\frac{1}{3} \approx 33{,}3\,\%$, $\frac{1}{4} = 25\,\%$, $\frac{1}{5} = 20\,\%$, $\frac{1}{8} = 12{,}5\,\%$, $\frac{1}{10} = 10\,\%$, $\frac{1}{1} = 100\,\%$, $\frac{2}{1} = 200\,\%$, $\frac{1}{20} = 5\,\%$, $\frac{1}{30} \approx 3{,}3\,\%$, $\frac{1}{40} = 2{,}5\,\%$, $\frac{1}{50} = 2\,\%$, $\frac{1}{100} = 1\,\%$, $\frac{1}{25} = 4\,\%$

Übung 3

a) $\frac{2}{6} \approx 33{,}3\,\%$

b) $\frac{1}{3} \approx 33{,}3\,\%$

c) $\frac{4}{8} = 50\,\%$

d) $\frac{4}{10} = 40\,\%$

e) $\frac{2}{5} = 40\,\%$

f) $\frac{3}{4} = 75\,\%$

g) $\frac{3}{8} = 37{,}5\,\%$

Übung 4

a) 75 %
b) 40 %
c) 10 %
d) 0,625 %
e) 60 %
f) 100 %
g) 20 %
h) 20 %
i) ≈ 16,7 %
j) 0,5 %

Übung 5

a) 10,08 kg
b) 56,70 €
c) 15,625 m²
d) 79,36 km
e) 10 €
f) 1,28 kg
g) 216 ha

Übung 6

a) 137,50 m
b) 540 €
c) 3 125 g
d) 105 €
e) 1 000 €
f) 720 m²

Übung 7

a) Herr Müller verdient 2.800 €.
b) Herr Schmidt zahlt mit 35 % anteilig mehr Steuern.

4.3 Prozentuale Erhöhung oder Verminderung

Übung 1

a) ca. 10,1 % billiger
b) ca. 6,71 % teurer
c) ca. 18,18 % billiger
d) ca. 25,32 % teurer

Übung 2

Nein, er hat nicht recht. Er muss jetzt 88,11 € zahlen.

Übung 3

a) Er bezahlt 111 €.
b) Er spart 40 %.

Zu den Seiten 74–80

Übung 4

a) Sie kostet 80,50 € am Ende der Ferien.
b) Senkung um ca. 13,043 %

Übung 5

35 € hat es zuvor gekostet.

Übung 6

Es sind 18 Mitglieder dazu gekommen.

Übung 7

a) 150,54 €.
b) 380 €

4.4 Darstellung von Prozenten in Diagrammen

Übung 1

a) Die Prozentsätze der beiden Diagramme sind gleich, die tatsächlichen Stimmen (Prozentwerte, Grundwerte) aber unterschiedlich
b) Anna und SOB: 12,5 % Mark uund FRB: 25 %
Felix und CKB: 37,5 % Marie und FWS: 25 %
c) Anna: 4 Stimmen, Mark: 8 Stimmen, Felix: 12 Stimmen, Marie: 8 Stimmen
d) 1 035 Stimmen sind 12,5 %. Gesamtzahl der Stimmen: 8 280
SOB: 1 035 Stimmen, FRB: 2 070 Stimmen, FWS: 2 070 Stimmen, CKB: 3 105 Stimmen

Übung 2

a) Klein 72° (≙ 20 %) Schneider 108° (≙ 30 %) Schulz 180° (≙ 50 %)
(Zum Ablesen: Radien über Kreislinie hinaus verlängern)
b) 66 Stimmen ≙ 36° ≙ 10 %, 660 abgegebene Stimmen
c) Schulz: 330 Stimmen, Klein: 132 Stimmen, Schneider 198 Stimmen

Übung 3

Übernachtung 60 %,
Busfahrt 25 %,
Eintrittsgelder 15 %

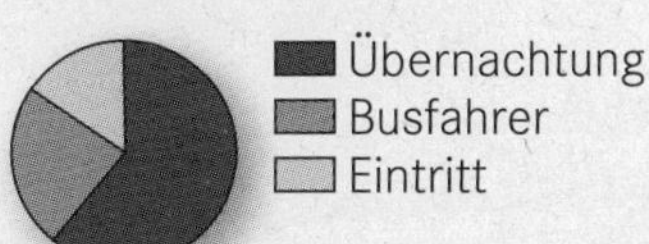

Übung 4

a)

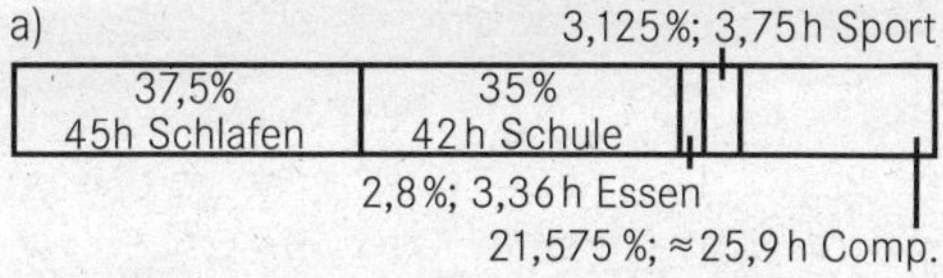

b) Schlafen 45 Stunden, Schule 42 Stunden, Mahlzeiten 3 Stunden 20 Minuten, Sport 3 Stunden 45 Minuten, Computer ca. 26 Stunden → viel zu lang!

Test Kapitel 4

Übung 1

a) 45 m b) 2 000 kg c) 56 %

Übung 2

a) Herr Schönbeck 66 %, Frau Klein 5 %, Herr Bremmer 29 %
b) Winkelmaße: Herr Schönbeck 238°, Frau Klein 18°, Herr Bremer 104°

Übung 3

Die Miete wurde von 1.150 € auf 1.242 € erhöht.

Übung 4

a) 56 € Taschengeld erhält Christian.
b) 25,20 € spart er für das Fahrrad.

Übung 5

18,90 € kostet in diesem Jahr eine Zehnerkarte.

Übung 6

$3\frac{1}{3}\% - 3{,}3\% = \frac{1}{3}\% - \frac{3}{10}\% = \frac{1}{30}\%$.

$1{,}50\,€ : \frac{1}{30}\% = 1{,}50\,€ \cdot 3\,000 = 4.500\,€$.

Der Grundwert beträgt 4.500 €.

5.1 Achsenspiegelung und Achsensymmetrie

Übung 1

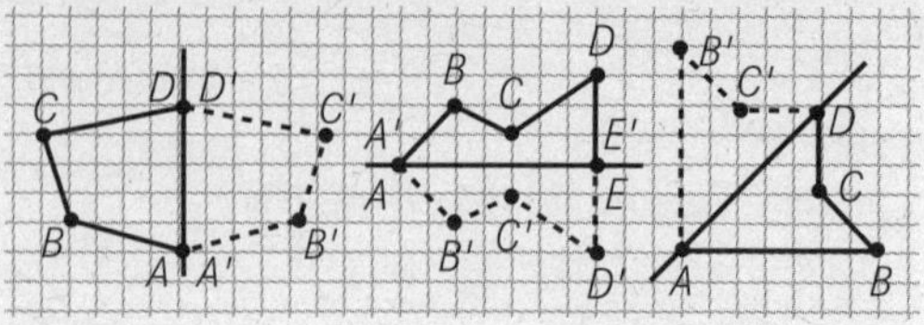

Übung 2

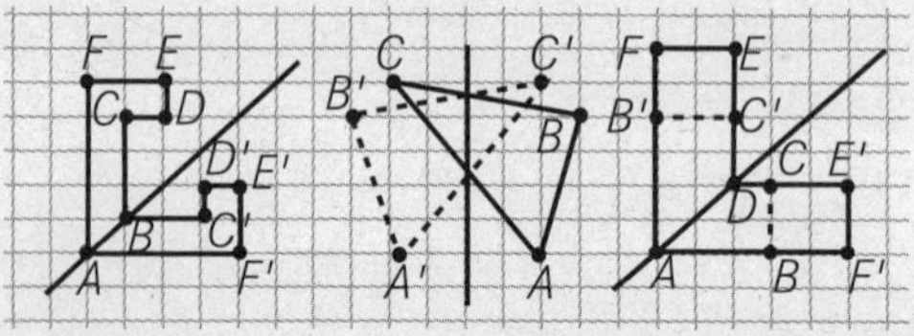

Übung 3

a)

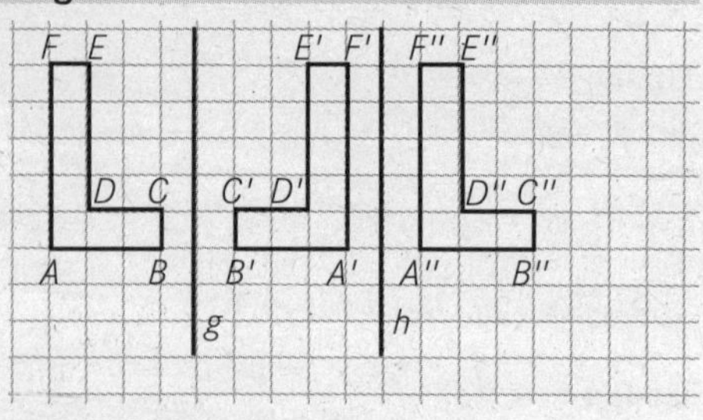

b)

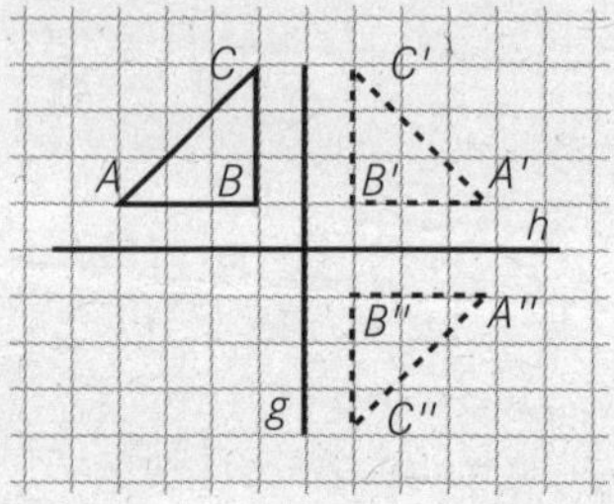

Übung 4

Koordinaten der Bildpunkte: $A'(2|0)$, $B'(3|1)$, $C'(5|0)$, $D'(3|-1)$

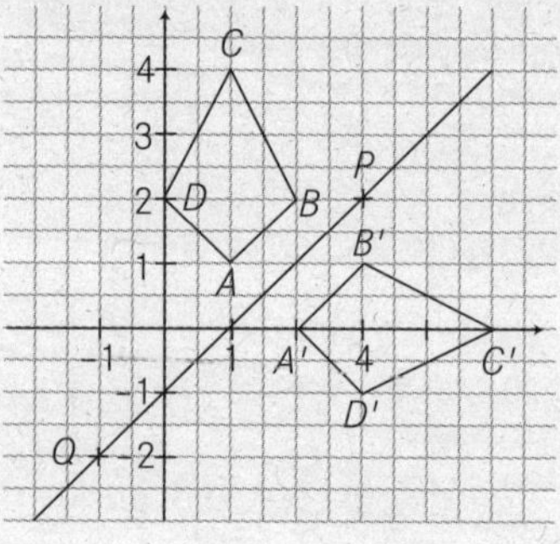

Zu den Seiten 87–89

5.2 Punktspiegelung und Punktsymmetrie

Übung 1

a)

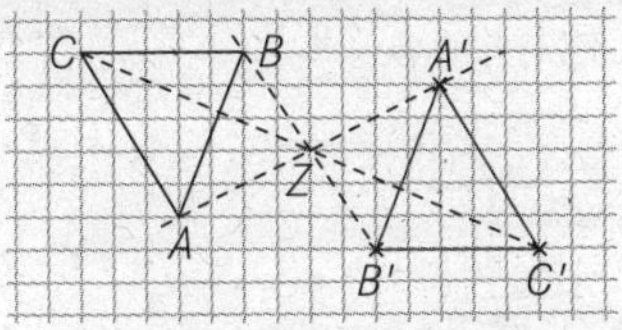

b)

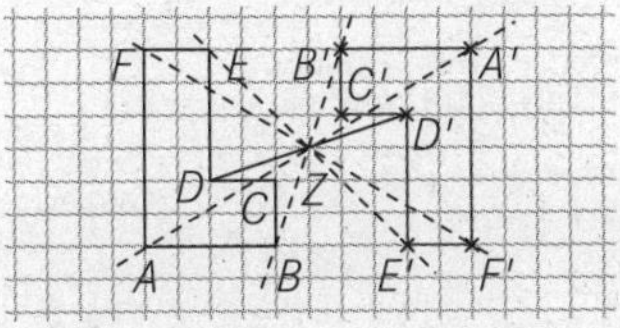

c)

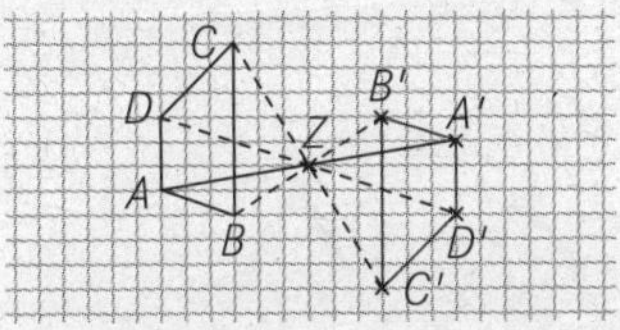

Übung 2

a)

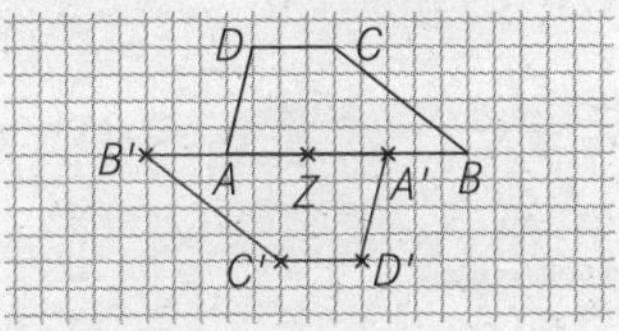

b)

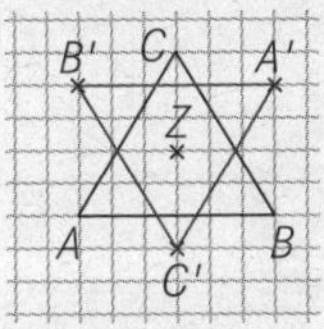

c)

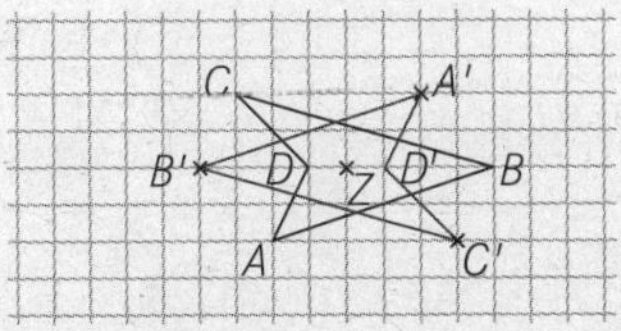

Übung 3

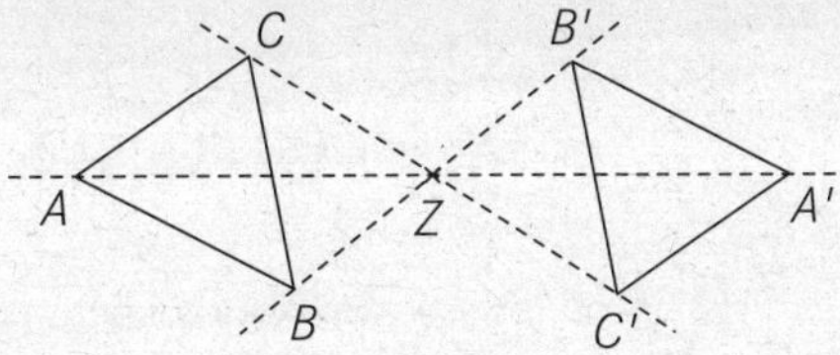

Übung 4

a)

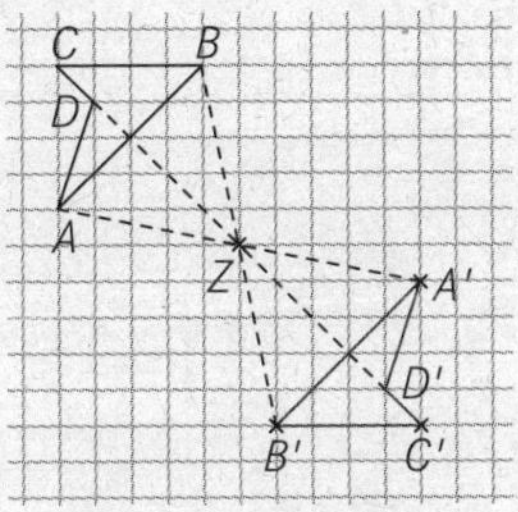

b)

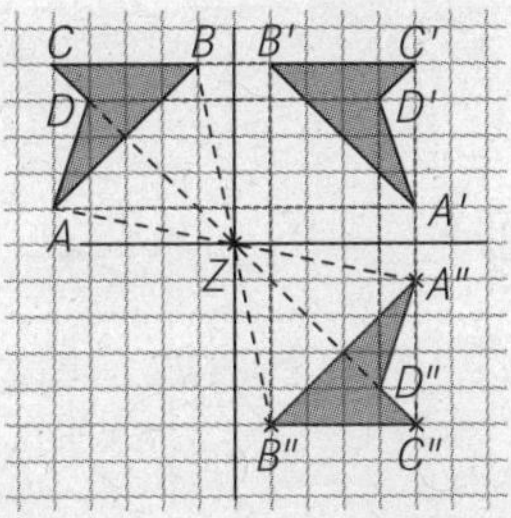

Hintereinanderausführung von Achsenspiegelung an zwei sich senkrecht schneidenden Achsen entspricht einer Punktspiegelung am Schnittpunkt der Achsen.

5.3 Drehung und Drehsymmetrie

Übung 1

a) R 90° b) L 150° c) L 102°
d) R 56° e) R 295,2° f) L 269,75°

Übung 2

a) L 30° b) R 65° c) L 341° d) R 147°

Übung 3

a) 120° b) 90° c) 180° d) 360° e) 180°

Übung 4

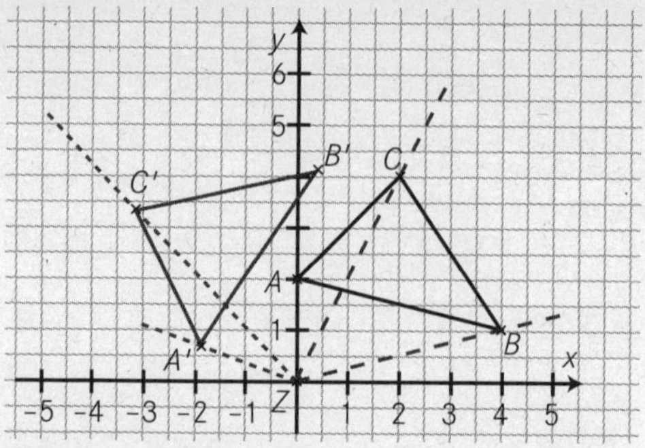

Übung 5

a)

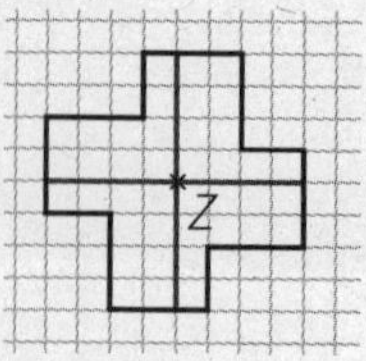

b)

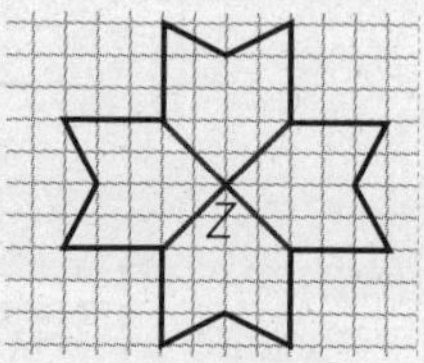

c)

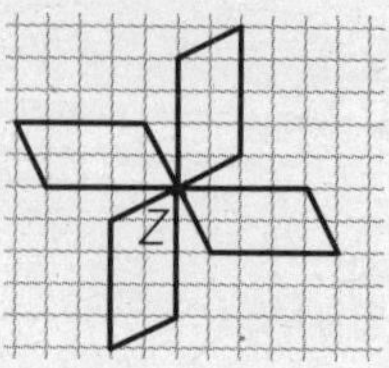

d)

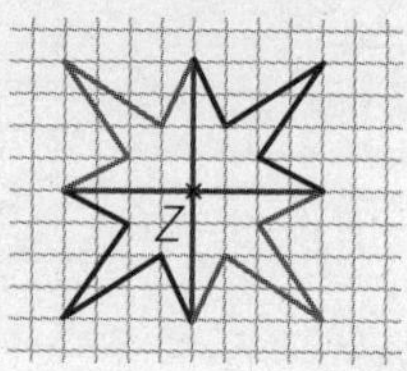

5.4 Kongruente Figuren

Übung 1

Die beiden Dreiecke sind kongruent.

Übung 2

$B \cong D$

Übung 3

$E \cong H$ durch Drehung, $F \cong D$ durch Drehung

Übung 4

a)

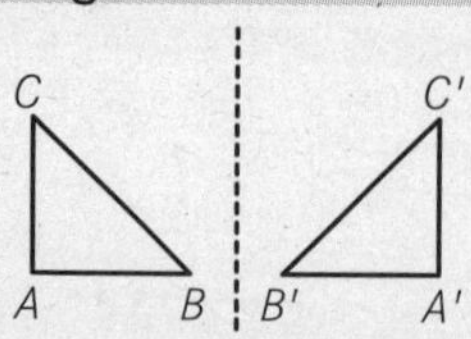

b)

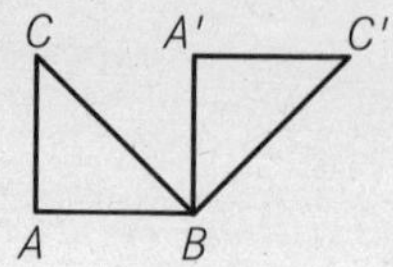

c)

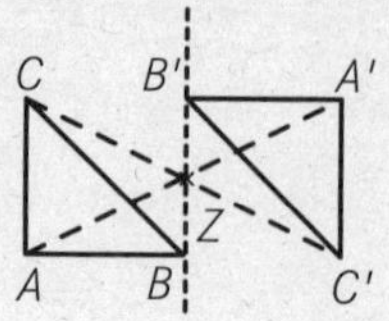

Alles Kongruenzabbildungen:

a) Achsenspiegelung b) Drehung um B

c) Punktspiegelung um Z

Test Kapitel 5

Übung 1

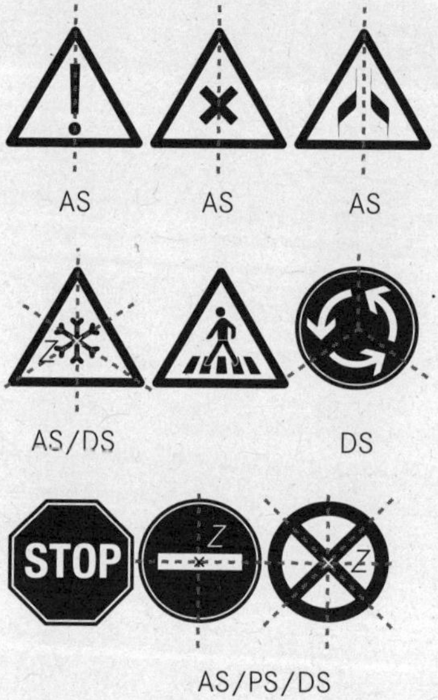

Übung 2

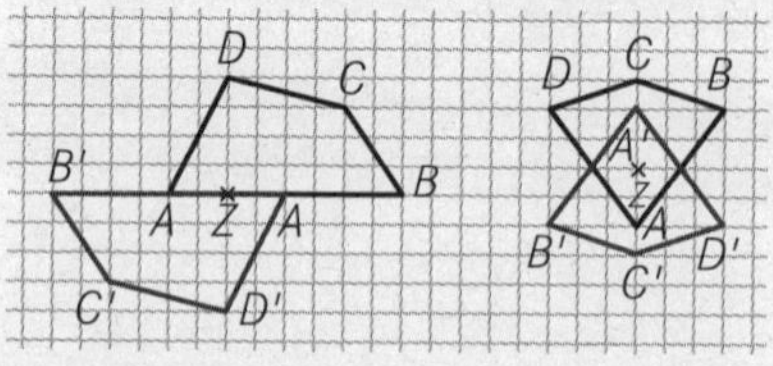

Übung 3

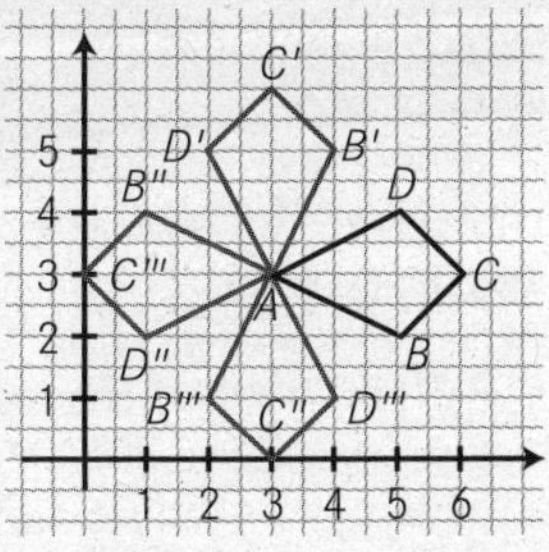

Übung 4

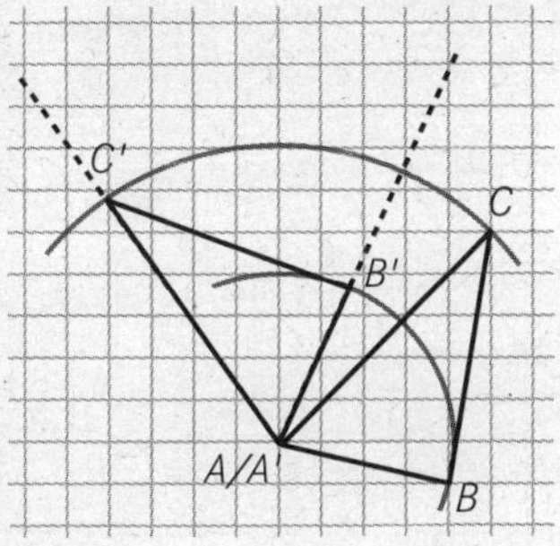

Übung 5

c) $A'(8|1)$, $B'(1|8)$, $C'(6|10)$

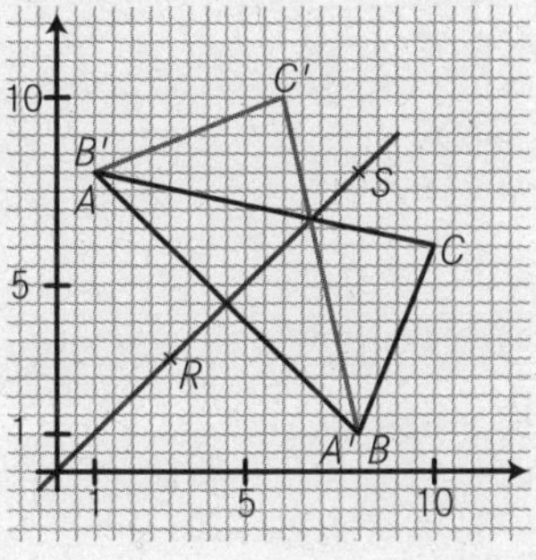

6.1 Flächeninhalt beim Parallelogramm

Übung 1

a) $3{,}75\,cm^2$ b) $2\,cm^2$ c) $6{,}25\,cm^2$
d) $2\,cm^2$ e) $2\,cm^2$ f) $2\,cm^2$

Übung 2

a) $16\,cm^2$ b) $15\,cm^2$ c) $12{,}69\,cm^2$

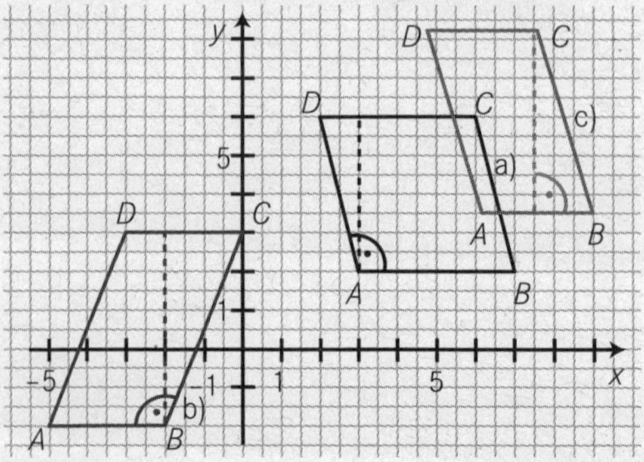

Übung 3

Parallelogramm	a	b	c	d
Seitenlänge g	8,5 m	5,2 cm	2000 m	250 cm
Höhe auf g	3,1 m	29 mm	200 dm	75 cm
Flächeninhalt A	$26{,}35\,m^2$	$15{,}08\,cm^2$	400 a	$1{,}875\,m^2$

Übung 4

1. Maler: Preis 1.867,36 €
2. Maler: Preis 1.705 €

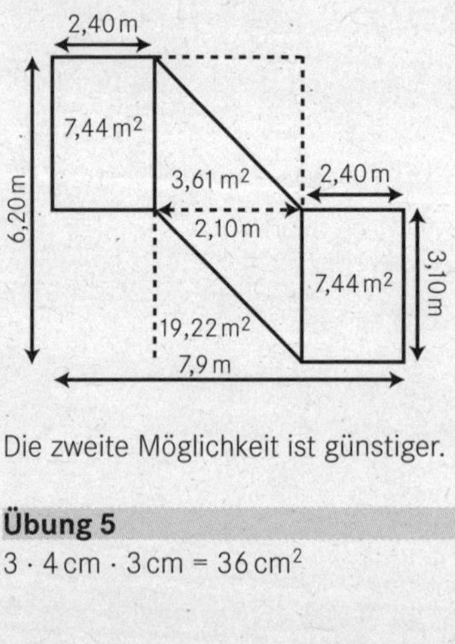

Die zweite Möglichkeit ist günstiger.

Übung 5

$3 \cdot 4\,cm \cdot 3\,cm = 36\,cm^2$

6.2 Flächeninhalt beim Dreieck

Übung 1

a) $12{,}5\,cm^2$ b) $10\,cm^2$
c) $7{,}5\,cm^2$ d) $7{,}5\,cm^2$
e) Die Dreiecke b) und d) sind rechtwinklige Dreiecke. Diese lassen sich durch Spiegelung an der dem rechten Winkel gegenüberliegenden Seite zu Rechtecken ergänzen. Deren Fläche ist $a \cdot b$, diese unterteilt sich in die zwei gleich großen Dreiecke mit Fläche
$A_b = \frac{1}{2} \cdot a \cdot b$

Übung 2

a) $4{,}375\,cm^2$ b) $4{,}5\,cm^2$ c) $6\,cm^2$

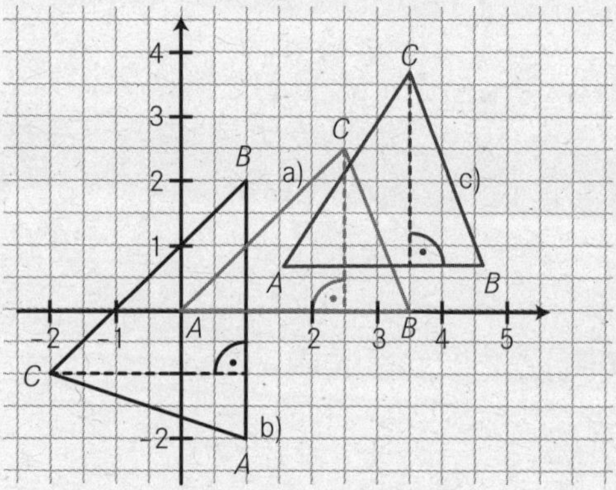

Übung 3

Dreieck	a	b	c	d
Seitenlänge g	4,5 cm	2,25 cm	24 cm	250 mm
Höhe auf g	1,7 cm	2 cm	36 cm	1,2 dm
Flächeninhalt A	$3{,}825\,cm^2$	$2{,}25\,cm^2$	$4{,}32\,dm^2$	$150\,cm^2$

Übung 4

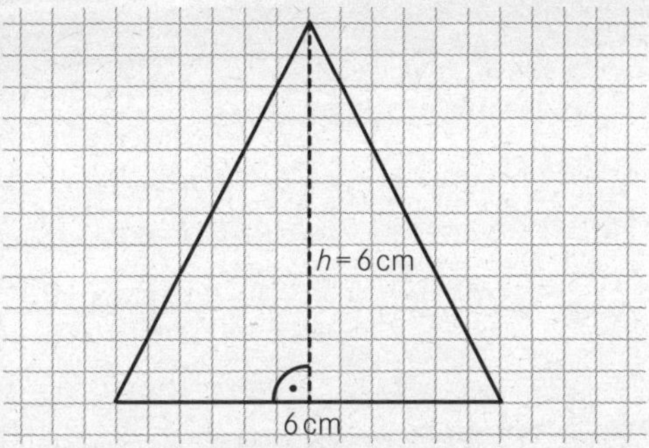

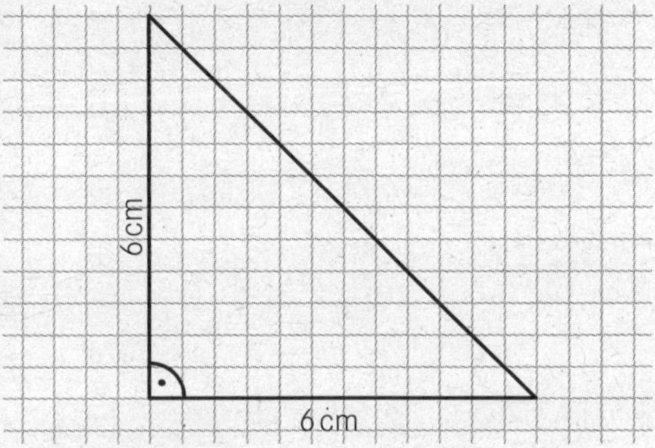

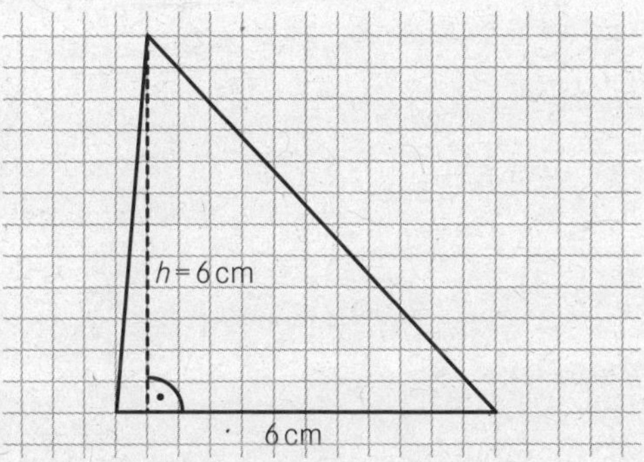

Übung 5

a) $6\,cm^2$ b) $4{,}5\,cm^2$

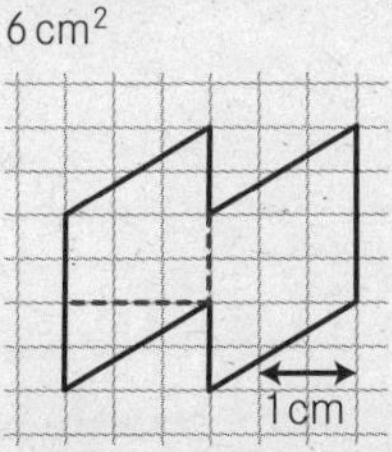

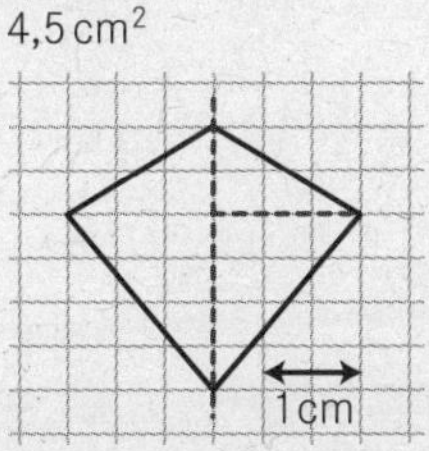

Übung 6

a) $4{,}5\,cm^2$ b) $26\,cm^2$

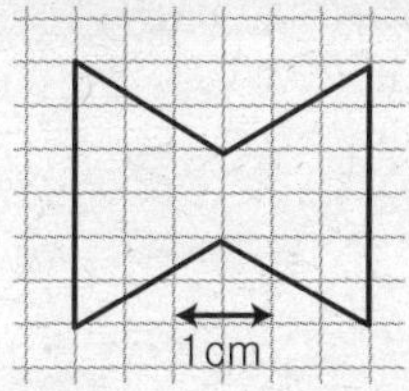

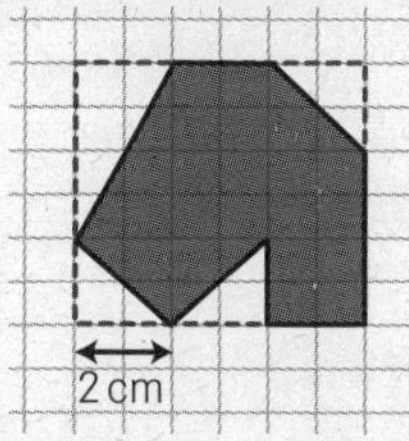

6.3 Flächeninhalt beim Trapez

Übung 1

a) $4\,cm^2$ b) $3\,cm^2$ c) 3,75 cm

Übung 2

a) $25\,cm^2$ b) $15\,cm^2$ c) $21{,}78\,cm^2$

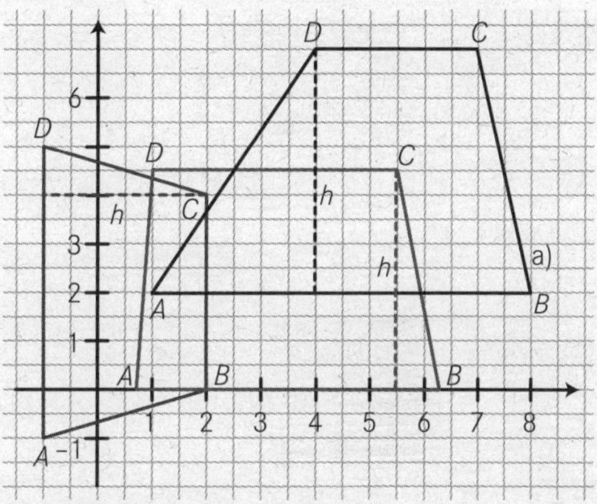

Übung 3

a) $A = 27{,}5\,cm^2$ b) $c = 2\,m$

c) $h = 1{,}4\,cm$ d) $a = 3\,dm$

Übung 4

Der Flächeninhalt beträgt $0{,}4\,m^2$.

Test Kapitel 6

Übung 1

A = B

Übung 2

a) $h_a = 7{,}5\,cm$ b) $A = 1{,}68\,m^2$ c) $h = 1{,}4\,cm$

Übung 3

Dreiecke: $A_D = 40\,cm^2$; Rechteck: $A_R = 40\,cm^2$.
Die Dreiecke nehmen zusammen 50 % der Gesamtfläche ein.

Übung 4

$T_1 = 5\,cm^2 = T_2 = T_3 = T_4$

Übung 5

$A = 2 \cdot \frac{1}{2} \cdot 5{,}8 \cdot 2{,}55\,dm^2 = 14{,}79\,dm^2$

Übung 6

A = D + T
$= 0{,}5\,cm^2 + 2\,cm^2 = 2{,}5\,cm^2$

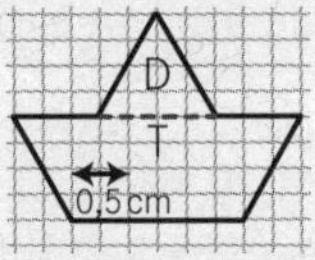

Übung 7

$A_{ABCD} = 4\,cm \cdot 2\,cm = 8\,cm^2 = A_{AEBD}$

(Dreieck BCD = Dreieck AEB)

www.cornelsen.de

Dieser Band folgt den Regeln der deutschen Rechtschreibung, die seit August 2006 gelten.

6. 5. 4. 3. 2. Die letzten Ziffern bezeichnen
13 12 11 10 09 Zahl und Jahr der Auflage.

Printed in Poland
ISBN 978-3-589-22662-7

Gedruckt auf säurefreiem Papier,
umweltschonend hergestellt aus chlorfrei gebleichten Faserstoffen.

4 **Berechne den Flächeninhalt der Trapeze.** |8|

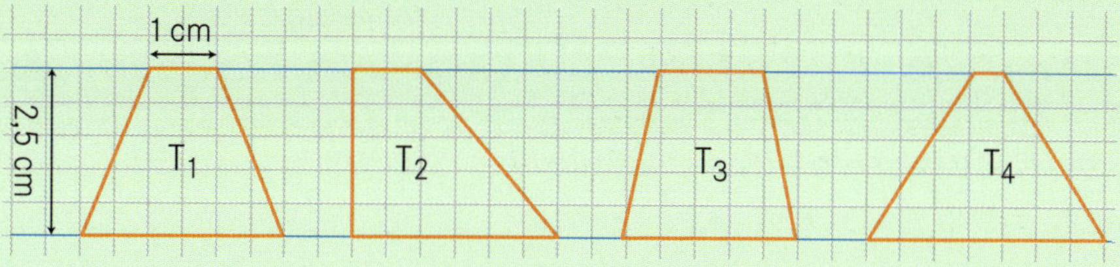

5 **Bestimme den Flächeninhalt des Drachens.** |5|

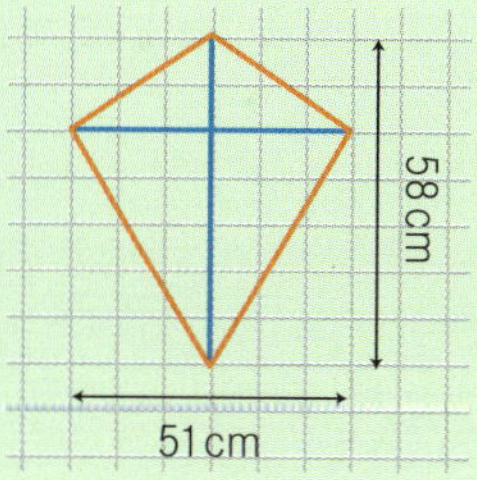

6 **Bestimme den Flächeninhalt des Vielecks im Gitternetz.** |5|

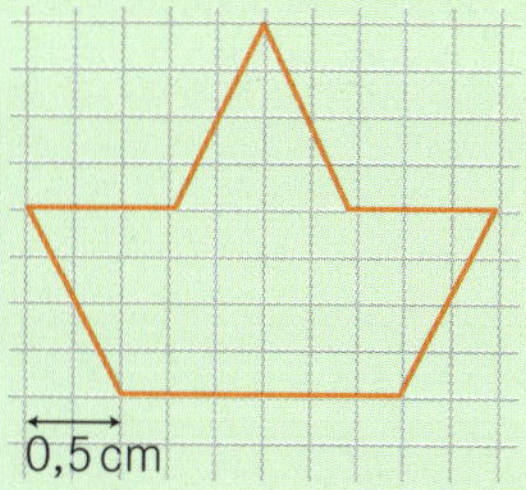

7 **Bestimme die Flächeninhalte der Vierecke *ABCD* und *AEBD*.** |8|

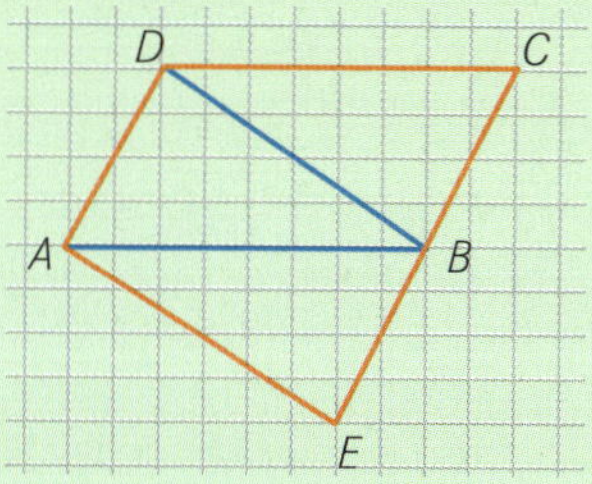

|50|

Wie viele Punkte hast du? Erreichst du mehr als 39 Punkte, beherrschst du den Inhalt des Kapitels wirklich gut. Erreichst du weniger als 20 Punkte, dann solltest du dieses Kapitel wiederholen.

abbrechende Dezimalzahlen 42--44
Achsenspiegelung und
Achsensymmetrie 86-89
addieren
Brüche 9-12
Dezimalzahlen 34-36
rationaler Zahlen 57-59
Anteil, Definition 73-75
Assoziativgesetz, rationale Zahlen 69-70

Betrag, rationaler Zahlen 54-56
Bildfigur, Definition 86
Brüche 6-27
addieren und subtrahieren 9-12
Definition 6
dividieren durch Bruchzahl 20
erweitern und kürzen 7-9
gemischte 12-14
multiplizieren mit Bruchzahl 17-19
Rechengesetze 22-24
Bruchstrich 6
Bruchteil, Definition 73-75
Bruchzahlen
Brüche dividieren durch 20
multiplizieren mit Bruch 17-19
multiplizieren und dividieren mit natürlicher Zahl 15-17
negative 52

Deckungsgleichheit siehe Kongruenz
Dezimalbruch 6
Dezimalzahlen 28-50
abbrechende und periodische 42-44
addieren und subtrahieren 34-36
Definition 6
dividieren 39-42
multiplizieren 36-39
ordnen, vergleichen und runden 31-33
Diagramme, Prozentrechnung 81-83
Distributivgesetz, rationale Zahlen 70
Dividend 20
dividieren
Brüche durch Bruchzahl 20
Bruchzahlen mit natürlicher Zahl 15-17
Dezimalzahlen 39-42
rationaler Zahlen 66-69
Rolle des Vorzeichens 67-68
Division siehe dividieren
Divisor 20
Doppelbrüche 21
Drehpunkt, Definition 89
Drehung und Drehsymmetrie 92-95
Dreieck, Flächeninhalt 99, 103-106

echter Bruch 6
Erhöhung, prozentuale 78-80
erweitern und kürzen, Brüche 7-9

Figuren
gespiegelte 85-87
kongruente 95-97
Flächeneinheiten, Umwandlungszahl 35
Flächeninhalt ebener Figuren 99-109

Ganzes, Definition 73-75
gemischte Brüche 12-14
Multiplikation mit Bruch 19
Umformung 12
Grundrechenarten, Verbindung der 69-71
Grundwert 75-78
Definition 73

KlaPoPuStri (Merkregel) 23
Kommazahlen 6
Definition 28
Kommutativgesetz, rationale Zahlen 69-70
kongruente Figuren 95-97
Kongruenz, Definition 95-96
Kreisdiagramm, Prozentrechnung 81-82
kürzen und erweitern, Brüche 7-9

Längeneinheiten, Umwandlungszahl 35
Linksdrehung, Definition 94

Minuszeichen, Bedeutung 55
multiplizieren
Brüche mit Bruchzahlen 17-19
Bruchzahlen mit natürlicher Zahl 15-17

- Dezimalzahlen 36–39
- rationaler Zahlen 63–66
- Rolle des Vorzeichens 63–64

Nachkommastellen
- echte Brüche 29
- Runden von Dezimalzahlen 31

natürliche Zahlen 6
- Bruchzahlen multiplizieren mit 15–17

negative Zahlen, Brüche 52
Nenner 6

Operationszeichen, minus und plus 55

Parallelogramm, Flächeninhalt 99–103
periodische Dezimalzahlen 42–44
Pluszeichen, Bedeutung 55
Prozentrechnung 73–84
- Darstellung in Diagrammen 81–83

Prozentsatz 75–78
- Definition 73

prozentuale Erhöhung 78–80
prozentuale Verminderung 78–80
Prozentwert 75–78
Punktspiegelung und Punktsymmetrie 89–92

Quotient 20

rationale Zahlen 51–72
- addieren 57–59
- Betrag 54–56
- dividieren 66–69
- multiplizieren 63–66
- Rechengesetze 69–71
- subtrahieren 60–62

Rauminhalte, Umwandlungszahl 35
Rechenausdrücke siehe Terme
Rechengesetze
- Brüche 22–24
- rationale Zahlen 69–71

Rechenzeichen, minus und plus 55
Rechteck, Flächeninhalt 99
Rechtsdrehung, Definition 94
Reihenfolge von Berechnungen 22
Runden, Dezimalzahlen 31–33

Scheinbruch 6
Spiegelachse, symmetrische Abbildung 85–87
Spiegelungspunkt siehe Drehpunkt
Stammbruch 6
Stellen, nach Komma 29
subtrahieren
- Brüche 9–12
- Dezimalzahlen 34–36
- rationale Zahlen 60–62
- Rolle des Vorzeichens 60–61

Symmetrien und Abbildungen 85–98

Terme
- Berechnung 69–71
- Bruchrechnung 22–24
- Dezimalzahlen 44–46

Trapez, Flächeninhalt 99, 106–108

unechter Bruch 6
- Umformung 12

Verbindungsgesetz siehe Assoziativgesetz
Verminderung, prozentuale 78–80
Verschiebung, kongruente Figuren 95
Vertauschungsgesetz siehe Kommutativgesetz
Verteilungsgesetz siehe Distributivgesetz
Vorzeichen
- beim Dividieren 67–68
- beim Multiplizieren 63–64
- beim Subtrahieren 60–61
- Definition 55

Winkelumlaufsinn 95

Zahlen
- Brüche siehe Bruchzahlen
- natürliche siehe natürliche Zahlen
- negative 52
- rationale siehe rationale Zahlen

Zahlengerade 51–53
Zahlenstrahl 51–53
Zähler 6
Zehnerbrüche 6, 28–30

VERZEICHNIS DER ZEICHEN UND ABKÜRZUNGEN

Bedeutung	Bezeichnung in diesem Buch	abweichende Bezeichnungen in anderen Büchern
Menge der natürlichen Zahlen	$\mathbb{N}_0 = \{0; 1; 2; 3 ...\}$	$\mathbb{N}$
Menge der ganzen Zahlen	$\mathbb{Z} = \{... -2; -1; 0; 1; 2 ...\}$	
kleinste gemeinsames Vielfache der Zahlen 6 und 9	kgV (6; 9)	
Millionen	Mill.	
Längeneinheiten Millimeter, Zentimeter, Meter, Kilometer	mm, cm, m, km	
Flächeneinheiten Quadratmeter, Ar, Hektar, Quadratkilometer	m^2, a, ha, km^2	
Temperatureinheit Grad Celsius	°C	
Masseneinheiten Gramm, Kilogramm, Tonne	g, kg, t	
Rauminhalt: Einheiten Kubikzentimeter, Kubikdezimeter, Liter, Hektoliter	cm^3, dm^3, l, hl	
periodische Zahl (z. B. 0 Komma Periode 6)	$0,\overline{6} = 0,666...$	
Menge der rationalen Zahlen	$\mathbb{Q}$	
Punkt mit $x = 3,5$ und $y = 19$	$P(3,5 \mid 19)$	$P(3,5; 19)$
Betrag einer Zahl *a*	$\lvert a \rvert$	
Prozentsatz	p	
Prozentwert	W	
Grundwert	G	
Winkeleinheit Grad	°	
Gerade	g	
(Eck-)Punkte in ebenen Figuren	$A, B, C, D, ...$	
Bildpunkte	$A', B', C', D', ...$	
Abbildung (Überführung) eines Punkts auf (in) einen anderen	$B \rightarrow B'$	
Spiegel(ungs)-, Drehpunkt	Z	
Links- und Rechtsdrehung um einen bestimmten Winkel	L 200°, R 30°	
Winkel alpha, beta, gamma delta, epsilon	$\alpha, \beta, \gamma, \delta, \varepsilon$	
Seitenlängen einer ebenen Figur	a, b, c, d	
Höhe einer ebenen Figur	h	
Flächeninhalt einer ebenen Figur	A	